교과 수학 연산 강화 프로젝트
속도와 정확성을 동시에 잡는 연산 훈련서

쌤과 맘이 만든

쌍둥이 연산노트

초등 10단계

5·2

예습책

1일 2쪽
한 달 완성

이젠교육
EZEN EDUCATION

이젠수학연구소 지음

이젠수학연구소는 유아에서 초중고까지 학생들이 수학의 바른길을 찾아갈 수 있도록 수학 학습법을 연구하는 이젠교육의 수학 연구소입니다. 수학 실력은 하루아침에 완성되지 않으며, 다양한 경험을 통해 발달합니다. 그길에 친구가 되고자 노력합니다.

예습은 적극적인 수업참여와
달라진 학습태도를 갖게 해요!

쌤과 맘이 만든

쌍둥이 연산 노트 5-2 예습책 (초등 10단계)

지 은 이	이젠수학연구소	**개발책임**	최철훈
펴 낸 이	임요병	**편 집**	㈜성지이디피
펴 낸 곳	㈜이젠미디어	**디 자 인**	이순주, 최수연
출판등록	제 2020-000073호	**제 작**	이성기
주 소	서울시 영등포구 양평로 22길 21 코오롱디지털타워 404호	**마 케 팅**	김남미
전 화	(02)324-1600	**인스타그램**	@ezeneducation
팩 스	(031)941-9611	**블 로 그**	http://blog.naver.com/ezeneducation

@이젠교육

ISBN 979-11-90880-60-2

쌤과 맘이 만든

쌍둥이 연산노트

초등 10단계

5·2

예습책

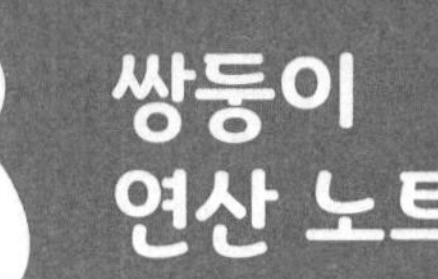

쌍둥이 연산 노트

한눈에 보기

1학년

1학기

단원	학습 내용
9까지의 수	· 9까지의 수의 순서 알기 · 수를 세어 크기 비교하기
덧셈	· 9까지의 수 모으기 · 합이 9까지인 덧셈하기
뺄셈	· 9까지의 수 가르기 · 한 자리 수의 뺄셈하기
50까지의 수	· 십몇 알고 모으기와 가르기 · 50까지의 수의 순서 알기 · 50까지의 수의 크기 비교

2학기

단원	학습 내용
100까지의 수	· 100까지의 수의 순서 알기 · 100까지 수의 크기 비교하기
덧셈(1)	· (몇십몇)+(몇십몇) · 합이 한 자리 수인 세 수의 덧셈
뺄셈(1)	· (몇십몇)−(몇십몇) · 계산 결과가 한 자리 수인 세 수의 뺄셈
덧셈(2)	· 세 수의 덧셈 · 받아올림이 있는 (몇)+(몇)
뺄셈(2)	· 세 수의 뺄셈 · 받아내림이 있는 (십몇)−(몇)

2학년

1학기

단원	학습 내용
세 자리 수	· 세 자리 수의 자릿값 알기 · 수의 크기 비교
덧셈	· 받아올림이 있는 (두 자리 수)+(두 자리 수) · 세 수의 덧셈
뺄셈	· 받아내림이 있는 (두 자리 수)−(두 자리 수) · 세 수의 뺄셈
곱셈	· 몇 배인지 알아보기 · 곱셈식으로 나타내기

2학기

단원	학습 내용
네 자리 수	· 네 자리 수 알기 · 두 수의 크기 비교
곱셈구구	· 2~9단 곱셈구구 · 1의 단, 0과 어떤 수의 곱
길이 재기	· 길이의 합 · 길이의 차
시각과 시간	· 시각 읽기 · 시각과 분 사이의 관계 · 하루, 1주일, 달력 알기

3학년

1학기

단원	학습 내용
덧셈	· 받아올림이 있는 (세 자리 수)+(세 자리 수)
뺄셈	· 받아내림이 있는 (세 자리 수)−(세 자리 수)
나눗셈	· 곱셈과 나눗셈의 관계 · 나눗셈의 몫 구하기
곱셈	· 올림이 있는 (몇십몇)×(몇)
길이와 시간의 덧셈과 뺄셈	· 길이의 덧셈과 뺄셈 · 시간의 덧셈과 뺄셈
분수와 소수	· 분모가 같은 분수의 크기 비교 · 소수의 크기 비교

2학기

단원	학습 내용
곱셈	· 올림이 있는 (세 자리 수)×(한 자리 수) · 올림이 있는 (몇십몇)×(몇십몇)
나눗셈	· 나머지가 있는 (몇십몇)÷(몇) · 나머지가 있는 (세 자리 수)÷(한 자리 수)
분수	· 진분수, 가분수, 대분수 · 대분수를 가분수로 나타내기 · 가분수를 대분수로 나타내기 · 분모가 같은 분수의 크기 비교
들이와 무게	· 들이의 덧셈과 뺄셈 · 무게의 덧셈과 뺄셈

쌍둥이 연산 노트는 **수학 교과서의 연산과 관련된 모든 영역의 문제를**
학교 수업 차시에 맞게 구성하였습니다.

4학년

1학기

단원	학습 내용
큰 수	· 다섯 자리 수 · 천만, 천억, 천조 알기 · 수의 크기 비교
각도	· 각도의 합과 차 · 삼각형의 세 각의 크기의 합 · 사각형의 네 각의 크기의 합
곱셈	· (몇백)×(몇십) · (세 자리 수)×(두 자리 수)
나눗셈	· (몇백몇십)÷(몇십) · (세 자리 수)÷(두 자리 수)

2학기

단원	학습 내용
분수의 덧셈	· 분모가 같은 분수의 덧셈 · 진분수 부분의 합이 1보다 큰 대분수의 덧셈
분수의 뺄셈	· 분모가 같은 분수의 뺄셈 · 받아내림이 있는 대분수의 뺄셈
소수의 덧셈	· (소수 두 자리 수)+(소수 두 자리 수) · 자릿수가 다른 소수의 덧셈
소수의 뺄셈	· (소수 두 자리 수)−(소수 두 자리 수) · 자릿수가 다른 소수의 뺄셈
다각형	· 삼각형, 평행사변형, 마름모, 직사각형의 각도와 길이 구하기

5학년

1학기

단원	학습 내용
자연수의 혼합 계산	· 덧셈, 뺄셈, 곱셈, 나눗셈이 섞여 있는 식 계산하기
약수와 배수	· 약수와 배수 · 최대공약수와 최소공배수
약분과 통분	· 약분과 통분 · 분수와 소수의 크기 비교
분수의 덧셈과 뺄셈	· 받아올림이 있는 분수의 덧셈 · 받아내림이 있는 분수의 뺄셈
다각형의 둘레와 넓이	· 정다각형의 둘레 · 사각형, 평행사변형, 삼각형, 마름모, 사다리꼴의 넓이

2학기

단원	학습 내용
어림하기	· 올림, 버림, 반올림
분수의 곱셈	· (분수)×(자연수) · (자연수)×(분수) · (분수)×(분수) · 세 분수의 곱셈
소수의 곱셈	· (소수)×(자연수) · (자연수)×(소수) · (소수)×(소수) · 곱의 소수점의 위치
자료의 표현	· 평균 구하기

6학년

1학기

단원	학습 내용
분수의 나눗셈	· (자연수)÷(자연수) · (분수)÷(자연수)
소수의 나눗셈	· (소수)÷(자연수) · (자연수)÷(자연수)
비와 비율	· 비와 비율 구하기 · 비율을 백분율, 백분율을 비율로 나타내기
직육면체의 부피와 겉넓이	· 직육면체의 부피와 겉넓이 · 정육면체의 부피와 겉넓이

2학기

단원	학습 내용
분수의 나눗셈	· (진분수)÷(진분수) · (자연수)÷(분수) · (대분수)÷(대분수)
소수의 나눗셈	· (소수)÷(소수) · (자연수)÷(소수) · 몫을 반올림하여 나타내기
비례식과 비례배분	· 간단한 자연수의 비로 나타내기 · 비례식과 비례배분
원주와 원의 넓이	· 원주, 지름, 반지름 구하기 · 원의 넓이 구하기

구성과 유의점

단원	학습 내용	지도 시 유의점	표준 시간
어림하기	01 올림(1)	올림의 뜻을 알고, 올림하여 어림수로 나타내어 보게 합니다.	12분
	02 올림(2)		12분
	03 버림(1)	버림의 뜻을 알고, 버림하여 어림수로 나타내어 보게 합니다.	12분
	04 버림(2)		12분
	05 반올림(1)	반올림의 뜻을 알고, 반올림하여 어림수로 나타내어 보게 합니다.	12분
	06 반올림(2)		12분
분수의 곱셈	01 (진분수)×(자연수)(1)	(진분수)×(자연수)를 약분하여 계산하고 편리한 방법을 선택하여 계산하게 합니다.	13분
	02 (진분수)×(자연수)(2)		13분
	03 (대분수)×(자연수)(1)	(진분수)×(자연수) 상황과 연결하여 (대분수)×(자연수)의 계산 원리를 이해하고 계산하게 합니다.	13분
	04 (대분수)×(자연수)(2)		13분
	05 (자연수)×(진분수)(1)	(자연수)×(진분수)를 약분하여 계산하고 편리한 방법을 선택하여 계산하게 합니다.	13분
	06 (자연수)×(진분수)(2)		13분
	07 (자연수)×(대분수)(1)	(자연수)×(진분수) 상황과 연결하여 (자연수)×(대분수)의 계산 원리를 이해하고 계산하게 합니다.	13분
	08 (자연수)×(대분수)(2)		13분
	09 (진분수)×(진분수)(1)	(단위분수)×(단위분수) 상황과 연결하여 (진분수)×(진분수)의 계산 원리를 이해하고 계산하게 합니다.	13분
	10 (진분수)×(진분수)(2)		9분
	11 (대분수)×(대분수)(1)	(대분수)×(대분수)의 계산 원리를 이해하고 계산하게 합니다.	13분
	12 (대분수)×(대분수)(2)		13분
	13 세 분수의 곱셈(1)	세 분수의 곱셈을 약분하여 계산하고 편리한 방법을 선택하여 계산하게 합니다.	13분
	14 세 분수의 곱셈(2)		13분

◆ 차시별 2쪽 구성으로 차시의 중요도별로 A~C단계로 2~6쪽까지 집중적으로 학습할 수 있습니다.

◆ 차시별 예습 2쪽+복습 2쪽 구성으로 시기별로 2번 반복할 수 있습니다.

단원	학습 내용	지도 시 유의점	표준 시간
소수의 곱셈	01 (1보다 작은 소수)×(자연수)(1)	· (1보다 작은 소수)×(자연수)를 여러 가지 방법으로 해결합니다. · (1보다 작은 소수)×(자연수)의 계산 원리를 이해하고 계산하게 합니다.	13분
	02 (1보다 작은 소수)×(자연수)(2)		13분
	03 (1보다 작은 소수)×(자연수)(3)		13분
	04 (1보다 큰 소수)×(자연수)(1)	· (1보다 큰 소수)×(자연수)를 여러 가지 방법으로 해결합니다. · (1보다 큰 소수)×(자연수)의 계산 원리를 이해하고 계산하게 합니다.	13분
	05 (1보다 큰 소수)×(자연수)(2)		13분
	06 (1보다 큰 소수)×(자연수)(3)		13분
	07 (자연수)×(1보다 작은 소수)(1)	· (자연수)×(1보다 작은 소수)를 여러 가지 방법으로 해결합니다. · (자연수)×(1보다 작은 소수)의 계산 원리를 이해하고 계산하게 합니다.	13분
	08 (자연수)×(1보다 작은 소수)(2)		13분
	09 (자연수)×(1보다 작은 소수)(3)		13분
	10 (자연수)×(1보다 큰 소수)(1)	· (자연수)×(1보다 큰 소수)를 여러 가지 방법으로 해결합니다. · (자연수)×(1보다 큰 소수)의 계산 원리를 이해하고 계산하게 합니다.	13분
	11 (자연수)×(1보다 큰 소수)(2)		13분
	12 (자연수)×(1보다 큰 소수)(3)		13분
	13 (1보다 작은 소수)×(1보다 작은 소수)(1)	· 1보다 작은 소수끼리의 곱셈을 여러 가지 방법으로 해결합니다. · 1보다 작은 소수끼리의 곱셈의 계산 원리를 이해하고 계산하게 합니다.	13분
	14 (1보다 작은 소수)×(1보다 작은 소수)(2)		13분
	15 (1보다 작은 소수)×(1보다 작은 소수)(3)		13분
	16 (1보다 큰 소수)×(1보다 큰 소수)(1)	· 1보다 큰 소수끼리의 곱셈을 여러 가지 방법으로 해결합니다. · 1보다 큰 소수끼리의 곱셈의 계산 원리를 이해하고 계산하게 합니다.	13분
	17 (1보다 큰 소수)×(1보다 큰 소수)(2)		13분
	18 (1보다 큰 소수)×(1보다 큰 소수)(3)		13분
	19 곱의 소수점의 위치(1)	소수의 곱셈 상황에서 곱의 소수점 위치 변화의 원리를 이해하여 계산할 수 있게 합니다.	9분
	20 곱의 소수점의 위치(2)		9분
자료의 표현	01 평균 구하기(1)	자료의 값을 모두 더해 자료의 수로 나누는 활동을 통해 평균의 계산 원리를 이해하고 구할 수 있게 합니다.	9분
	02 평균 구하기(2)		9분

01 올림

○ **251을 올림하여 십의 자리까지 나타내기**

251 ➡ 260
↳ 십의 자리 아래 수인 1을 10으로 봅니다.

➡ 일의 자리에서 올림한 수는 0이 되고 십의 자리에 1을 더해 줍니다.

원리 비법 0을 제외한 모든 수를 **올려서** 나타내!

◈ 올림하여 십의 자리까지 나타내려고 합니다. □ 안에 알맞은 수를 써넣으세요.

(각 문제에서 일의 자리 수를 10으로 봅니다.)

① 439 ➡ 4□□

② 174 ➡ 1□□

③ 363 ➡ 3□□

④ 658 ➡ 6□□

⑤ 462 ➡ 4□□

⑥ 579 ➡ 5□□

⑦ 749 ➡ 7□□

⑧ 225 ➡ 2□□

⑨ 252 ➡ 2□□

⑩ 508 ➡ 5□□

⑪ 325 ➡ 3□□

⑫ 674 ➡ 6□□

⑬ 855 ➡ 8□□

⑭ 834 ➡ 8□□

⑮ 138 ➡ 1□□

정답 92쪽

공부한 날짜	맞힌 개수	걸린 시간
월 일	/36	분

올림하여 십의 자리까지 나타내세요.

⑯ 278 ➡ (   )
⑰ 183 ➡ (   )
⑱ 353 ➡ (   )
⑲ 864 ➡ (   )
⑳ 647 ➡ (   )
㉑ 562 ➡ (   )
㉒ 522 ➡ (   )
㉓ 623 ➡ (   )
㉔ 554 ➡ (   )
㉕ 798 ➡ (   )
㉖ 422 ➡ (   )
㉗ 412 ➡ (   )
㉘ 776 ➡ (   )
㉙ 235 ➡ (   )
㉚ 343 ➡ (   )
㉛ 299 ➡ (   )
㉜ 154 ➡ (   )
㉝ 894 ➡ (   )
㉞ 886 ➡ (   )
㉟ 451 ➡ (   )
㊱ 765 ➡ (   )

02 올림

B

○ 251을 올림하여 백의 자리까지 나타내기

251 ➡ 300

↳ 백의 자리 아래 수인 51을 100으로 봅니다.

➡ 십의 자리와 일의 자리에서 올림한 수는 0이 되고 백의 자리에 1을 더해 줍니다.

원리 비법 일의 자리 수는 생각할 필요가 없어!

◆ 올림하여 백의 자리까지 나타내려고 합니다. □ 안에 알맞은 수를 써넣으세요.

❶ 266 (66 → 100) ➡ □□□

❷ 538 (38 → 100) ➡ □□□

❸ 129 (29 → 100) ➡ □□□

❹ 427 (27 → 100) ➡ □□□

❺ 633 (33 → 100) ➡ □□□

❻ 723 (23 → 100) ➡ □□□

❼ 317 (17 → 100) ➡ □□□

❽ 843 (43 → 100) ➡ □□□

❾ 768 (68 → 100) ➡ □□□

❿ 821 (21 → 100) ➡ □□□

⓫ 447 (47 → 100) ➡ □□□

⓬ 573 (73 → 100) ➡ □□□

⓭ 191 (91 → 100) ➡ □□□

⓮ 214 (14 → 100) ➡ □□□

⓯ 347 (47 → 100) ➡ □□□

정답 92쪽

공부한 날짜	맞힌 개수	걸린 시간
월 일	/36	분

올림하여 백의 자리까지 나타내세요.

⑯ 248 ➡ (   )
⑰ 627 ➡ (   )
⑱ 464 ➡ (   )
⑲ 132 ➡ (   )
⑳ 781 ➡ (   )
㉑ 376 ➡ (   )
㉒ 525 ➡ (   )

㉓ 565 ➡ (   )
㉔ 283 ➡ (   )
㉕ 889 ➡ (   )
㉖ 652 ➡ (   )
㉗ 457 ➡ (   )
㉘ 715 ➡ (   )
㉙ 176 ➡ (   )

㉚ 339 ➡ (   )
㉛ 883 ➡ (   )
㉜ 589 ➡ (   )
㉝ 157 ➡ (   )
㉞ 734 ➡ (   )
㉟ 312 ➡ (   )
㊱ 852 ➡ (   )

03 버림

251을 버림하여 십의 자리까지 나타내기

251 ➡ 250
↳ 십의 자리 아래 수인 1을 0으로 봅니다.

➡ 일의 자리에서 버림한 수는 0이 됩니다.

원리 비법 일의 자리의 모든 수를 **0으로** 나타내!

버림하여 십의 자리까지 나타내려고 합니다. □ 안에 알맞은 수를 써넣으세요.

❶ 216 ➡ 2□□

❷ 685 ➡ 6□□

❸ 165 ➡ 1□□

❹ 783 ➡ 7□□

❺ 791 ➡ 7□□

❻ 131 ➡ 1□□

❼ 395 ➡ 3□□

❽ 572 ➡ 5□□

❾ 599 ➡ 5□□

❿ 635 ➡ 6□□

⓫ 315 ➡ 3□□

⓬ 453 ➡ 4□□

⓭ 854 ➡ 8□□

⓮ 826 ➡ 8□□

⓯ 786 ➡ 7□□

정답 92쪽

공부한 날짜	맞힌 개수	걸린 시간
월 일	/36	분

버림하여 십의 자리까지 나타내세요.

⑯ 559 ➡ ( )　㉓ 778 ➡ ( )　㉚ 437 ➡ ( )

⑰ 231 ➡ ( )　㉔ 665 ➡ ( )　㉛ 268 ➡ ( )

⑱ 528 ➡ ( )　㉕ 383 ➡ ( )　㉜ 862 ➡ ( )

⑲ 274 ➡ ( )　㉖ 663 ➡ ( )　㉝ 117 ➡ ( )

⑳ 359 ➡ ( )　㉗ 848 ➡ ( )　㉞ 281 ➡ ( )

㉑ 479 ➡ ( )　㉘ 181 ➡ ( )　㉟ 743 ➡ ( )

㉒ 689 ➡ ( )　㉙ 721 ➡ ( )　㊱ 591 ➡ ( )

04 버림

B

○ **251을 버림하여 백의 자리까지 나타내기**

251 ➡ 200
↳ 백의 자리 아래 수인 51을 0으로 봅니다.

➡ 십의 자리와 일의 자리의 수가 모두 0이 됩니다.

원리 비법 구하려는 자리 아래 수를 모두 **0으로** 나타내!

◆ 버림하여 백의 자리까지 나타내려고 합니다. □ 안에 알맞은 수를 써넣으세요.

❶ 486 ➡ □□□ (8, 6 위에 0 0)

❷ 624 ➡ □□□ (2, 4 위에 0 0)

❸ 793 ➡ □□□ (9, 3 위에 0 0)

❹ 236 ➡ □□□ (3, 6 위에 0 0)

❺ 872 ➡ □□□ (7, 2 위에 0 0)

❻ 269 ➡ □□□ (6, 9 위에 0 0)

❼ 377 ➡ □□□ (7, 7 위에 0 0)

❽ 831 ➡ □□□ (3, 1 위에 0 0)

❾ 746 ➡ □□□ (4, 6 위에 0 0)

❿ 184 ➡ □□□ (8, 4 위에 0 0)

⓫ 134 ➡ □□□ (3, 4 위에 0 0)

⓬ 563 ➡ □□□ (6, 3 위에 0 0)

⓭ 334 ➡ □□□ (3, 4 위에 0 0)

⓮ 699 ➡ □□□ (9, 9 위에 0 0)

⓯ 553 ➡ □□□ (5, 3 위에 0 0)

정답 92쪽

공부한 날짜	맞힌 개수	걸린 시간
월 일	/36	분

버림하여 백의 자리까지 나타내세요.

⑯ 682 ➜ ( )
㉓ 245 ➜ ( )
㉚ 753 ➜ ( )

⑰ 311 ➜ ( )
㉔ 421 ➜ ( )
㉛ 155 ➜ ( )

⑱ 123 ➜ ( )
㉕ 517 ➜ ( )
㉜ 493 ➜ ( )

⑲ 718 ➜ ( )
㉖ 641 ➜ ( )
㉝ 868 ➜ ( )

⑳ 847 ➜ ( )
㉗ 354 ➜ ( )
㉞ 729 ➜ ( )

㉑ 664 ➜ ( )
㉘ 825 ➜ ( )
㉟ 173 ➜ ( )

㉒ 291 ➜ ( )
㉙ 545 ➜ ( )
㊱ 388 ➜ ( )

05 반올림

○ 592를 반올림하여 십의 자리까지 나타내기

592 ➡ 590
└➤ 일의 자리 숫자가 2이므로 버림을 합니다.

○ 438을 반올림하여 십의 자리까지 나타내기

438 ➡ 440
└➤ 일의 자리 숫자가 8이므로 올림을 합니다.

➡ 구하려는 자리 바로 아래 자리의 숫자가 0, 1, 2, 3, 4이면 버리고, 5, 6, 7, 8, 9이면 올려서 나타냅니다.

원리 비법 0~4까지는 **버리고**, 5~9까지는 **올려**!

반올림하여 십의 자리까지 나타내려고 합니다. □ 안에 알맞은 수를 써넣으세요.

❶ 265 ➡ 2□□ (10)

❷ 322 ➡ 3□□ (0)

❸ 857 ➡ 8□□ (10)

❹ 411 ➡ 4□□ (0)

❺ 176 ➡ 1□□ (10)

❻ 153 ➡ 1□□ (0)

❼ 566 ➡ 5□□ (10)

❽ 773 ➡ 7□□ (0)

❾ 787 ➡ 7□□ (10)

❿ 351 ➡ 3□□ (0)

⓫ 648 ➡ 6□□ (10)

⓬ 494 ➡ 4□□ (0)

⓭ 528 ➡ 5□□ (10)

⓮ 283 ➡ 2□□ (0)

⓯ 659 ➡ 6□□ (10)

정답 93쪽

공부한 날짜	맞힌 개수	걸린 시간
월 일	/36	분

반올림하여 십의 자리까지 나타내세요.

⑯ 667 ➡ (   )   ㉓ 292 ➡ (   )   ㉚ 426 ➡ (   )

⑰ 456 ➡ (   )   ㉔ 513 ➡ (   )   ㉛ 142 ➡ (   )

⑱ 118 ➡ (   )   ㉕ 716 ➡ (   )   ㉜ 313 ➡ (   )

⑲ 352 ➡ (   )   ㉖ 817 ➡ (   )   ㉝ 759 ➡ (   )

⑳ 893 ➡ (   )   ㉗ 696 ➡ (   )   ㉞ 286 ➡ (   )

㉑ 531 ➡ (   )   ㉘ 614 ➡ (   )   ㉟ 489 ➡ (   )

㉒ 784 ➡ (   )   ㉙ 228 ➡ (   )   ㊱ 878 ➡ (   )

06 반올림 B

○ 592를 반올림하여 백의 자리까지 나타내기

592 ➡ 600
↳ 십의 자리 숫자가 9이므로 올림을 합니다.

○ 438을 반올림하여 백의 자리까지 나타내기

438 ➡ 400
↳ 십의 자리 숫자가 3이므로 버림을 합니다.

원리 비법 일의 자리는 수는 **0으로** 적으면 돼!

반올림하여 백의 자리까지 나타내려고 합니다. □ 안에 알맞은 수를 써넣으세요.

❶ 267 ➡ □□□ (100)

❷ 541 ➡ □□□ (0 0)

❸ 861 ➡ □□□ (100)

❹ 728 ➡ □□□ (0 0)

❺ 139 ➡ □□□ (0 0)

❻ 628 ➡ □□□ (0 0)

❼ 419 ➡ □□□ (0 0)

❽ 698 ➡ □□□ (100)

❾ 324 ➡ □□□ (0 0)

❿ 835 ➡ □□□ (0 0)

⓫ 541 ➡ □□□ (0 0)

⓬ 871 ➡ □□□ (100)

⓭ 737 ➡ □□□ (0 0)

⓮ 123 ➡ □□□ (0 0)

⓯ 782 ➡ □□□ (100)

⓰ 414 ➡ □□□ (0 0)

⓱ 362 ➡ □□□ (100)

⓲ 237 ➡ □□□ (0 0)

정답 93쪽

공부한 날짜	맞힌 개수	걸린 시간
월 일	/39	분

반올림하여 백의 자리까지 나타내세요.

⑲ 387 ➡ (　　　　)

⑳ 111 ➡ (　　　　)

㉑ 533 ➡ (　　　　)

㉒ 827 ➡ (　　　　)

㉓ 396 ➡ (　　　　)

㉔ 617 ➡ (　　　　)

㉕ 294 ➡ (　　　　)

㉖ 432 ➡ (　　　　)

㉗ 859 ➡ (　　　　)

㉘ 712 ➡ (　　　　)

㉙ 284 ➡ (　　　　)

㉚ 187 ➡ (　　　　)

㉛ 895 ➡ (　　　　)

㉜ 775 ➡ (　　　　)

㉝ 243 ➡ (　　　　)

㉞ 488 ➡ (　　　　)

㉟ 766 ➡ (　　　　)

㊱ 626 ➡ (　　　　)

㊲ 519 ➡ (　　　　)

㊳ 384 ➡ (　　　　)

㊴ 651 ➡ (　　　　)

01 (진분수)×(자연수)

○ $\frac{2}{15}\times 20$의 계산

$$\frac{2}{15}\times 20=\frac{2\times 20}{15}=\frac{\overset{8}{\cancel{40}}}{\underset{3}{\cancel{15}}}=\frac{8}{3}=2\frac{2}{3}$$

분자와 자연수를 곱한 후 약분하여 계산합니다.

원리 비법 계산 결과가 가분수이면 **대분수**로 나타내!

□ 안에 알맞은 수를 써넣으세요.

❶ $\frac{1}{15}\times 25=\frac{1\times\square}{15}=\frac{\square}{15}=\frac{\square}{3}=\square\frac{\square}{3}$

❷ $\frac{5}{12}\times 16=\frac{5\times\square}{12}=\frac{\square}{12}=\frac{\square}{3}=\square\frac{\square}{3}$

❸ $\frac{1}{6}\times 16=\frac{1\times\square}{6}=\frac{\square}{6}=\frac{\square}{3}=\square\frac{\square}{3}$

❹ $\frac{3}{8}\times 26=\frac{3\times\square}{8}=\frac{\square}{8}=\frac{\square}{4}=\square\frac{\square}{4}$

❺ $\frac{1}{4}\times 18=\frac{1\times\square}{4}=\frac{\square}{4}=\frac{\square}{2}=\square\frac{\square}{2}$

❻ $\frac{11}{12}\times 14=\frac{11\times\square}{12}=\frac{\square}{12}=\frac{\square}{6}=\square\frac{\square}{6}$

정답 94쪽

공부한 날짜	맞힌 개수	걸린 시간
월 일	/24	분

곱셈을 하세요.

⑦ $\frac{4}{9} \times 45$

⑬ $\frac{11}{14} \times 16$

⑲ $\frac{4}{5} \times 10$

⑧ $\frac{1}{10} \times 14$

⑭ $\frac{6}{7} \times 21$

⑳ $\frac{5}{12} \times 14$

⑨ $\frac{4}{15} \times 30$

⑮ $\frac{1}{2} \times 10$

㉑ $\frac{6}{9} \times 18$

⑩ $\frac{3}{5} \times 10$

⑯ $\frac{3}{14} \times 16$

㉒ $\frac{5}{8} \times 32$

⑪ $\frac{7}{10} \times 14$

⑰ $\frac{4}{7} \times 35$

㉓ $\frac{1}{3} \times 9$

⑫ $\frac{3}{4} \times 16$

⑱ $\frac{7}{9} \times 27$

㉔ $\frac{1}{6} \times 18$

02 (진분수)×(자연수) B

○ $\frac{2}{15}\times 20$의 계산

$$\frac{2}{15}\times 20=\frac{2\times \overset{4}{\cancel{20}}}{\underset{3}{\cancel{15}}}=\frac{8}{3}=2\frac{2}{3}$$

➡ 분모와 자연수를 곱하는 과정에서 약분하여 계산합니다.

원리 비법 약분을 먼저 하면 계산이 간단해!

□ 안에 알맞은 수를 써넣으세요.

❶ $\frac{9}{10}\times 18=\frac{9\times \square}{10}=\frac{\square}{5}=\square\frac{\square}{5}$

❷ $\frac{14}{15}\times 25=\frac{14\times \square}{15}=\frac{\square}{3}=\square\frac{\square}{3}$

❸ $\frac{1}{8}\times 12=\frac{1\times \square}{8}=\frac{\square}{2}=\square\frac{\square}{2}$

❹ $\frac{3}{14}\times 8=\frac{3\times \square}{14}=\frac{\square}{7}=\square\frac{\square}{7}$

❺ $\frac{5}{12}\times 16=\frac{5\times \square}{12}=\frac{\square}{3}=\square\frac{\square}{3}$

❻ $\frac{2}{15}\times 40=\frac{2\times \square}{15}=\frac{\square}{3}=\square\frac{\square}{3}$

정답 94쪽

공부한 날짜	맞힌 개수	걸린 시간
월 일	/24	분

곱셈을 하세요.

⑦ $\frac{4}{15} \times 20$

⑬ $\frac{1}{7} \times 21$

⑲ $\frac{7}{12} \times 6$

⑧ $\frac{1}{9} \times 36$

⑭ $\frac{1}{6} \times 24$

⑳ $\frac{1}{10} \times 5$

⑨ $\frac{1}{2} \times 6$

⑮ $\frac{11}{15} \times 25$

㉑ $\frac{1}{4} \times 12$

⑩ $\frac{3}{10} \times 18$

⑯ $\frac{3}{5} \times 20$

㉒ $\frac{11}{12} \times 20$

⑪ $\frac{5}{12} \times 20$

⑰ $\frac{1}{8} \times 16$

㉓ $\frac{3}{7} \times 21$

⑫ $\frac{4}{9} \times 18$

⑱ $\frac{4}{5} \times 20$

㉔ $\frac{9}{14} \times 4$

03 (대분수)×(자연수)

○ $1\frac{3}{7}\times 2$의 계산

$$1\frac{3}{7}\times 2=\frac{10}{7}\times 2=\frac{10\times 2}{7}=\frac{20}{7}=2\frac{6}{7}$$

➡ 대분수를 가분수로 바꾸어 계산합니다.

원리 비법 계산 결과가 가분수이면 **대분수**로 나타내!

◈ □ 안에 알맞은 수를 써넣으세요.

❶ $1\frac{1}{5}\times 4=\frac{\square}{5}\times 4=\frac{\square\times 4}{5}=\frac{\square}{5}=\square\frac{\square}{5}$

❷ $2\frac{1}{2}\times 3=\frac{\square}{2}\times 3=\frac{\square\times 3}{2}=\frac{\square}{2}=\square\frac{\square}{2}$

❸ $2\frac{3}{4}\times 3=\frac{\square}{4}\times 3=\frac{\square\times 3}{4}=\frac{\square}{4}=\square\frac{\square}{4}$

❹ $1\frac{2}{5}\times 3=\frac{\square}{5}\times 3=\frac{\square\times 3}{5}=\frac{\square}{5}=\square\frac{\square}{5}$

❺ $2\frac{1}{6}\times 5=\frac{\square}{6}\times 5=\frac{\square\times 5}{6}=\frac{\square}{6}=\square\frac{\square}{6}$

❻ $2\frac{3}{4}\times 7=\frac{\square}{4}\times 7=\frac{\square\times 7}{4}=\frac{\square}{4}=\square\frac{\square}{4}$

정답 94쪽

공부한 날짜	맞힌 개수	걸린 시간
월 일	/24	분

곱셈을 하세요.

⑦ $1\frac{2}{5} \times 6$

⑬ $2\frac{5}{6} \times 3$

⑲ $2\frac{1}{3} \times 5$

⑧ $1\frac{1}{4} \times 2$

⑭ $1\frac{5}{7} \times 6$

⑳ $1\frac{3}{5} \times 2$

⑨ $1\frac{1}{6} \times 4$

⑮ $1\frac{1}{7} \times 4$

㉑ $1\frac{3}{4} \times 4$

⑩ $2\frac{4}{7} \times 3$

⑯ $2\frac{1}{2} \times 7$

㉒ $2\frac{6}{7} \times 3$

⑪ $2\frac{1}{5} \times 7$

⑰ $2\frac{3}{7} \times 5$

㉓ $2\frac{4}{5} \times 3$

⑫ $1\frac{2}{7} \times 6$

⑱ $1\frac{3}{8} \times 2$

㉔ $2\frac{2}{3} \times 5$

04 (대분수)×(자연수)

○ $1\frac{3}{7}\times 2$의 계산

$$1\frac{3}{7}\times 2=(1\times 2)+(\frac{3}{7}\times 2)=2+\frac{6}{7}=2\frac{6}{7}$$

➡ 대분수의 자연수 1과 대분수의 진분수 $\frac{3}{7}$에 각각 자연수 2를 곱합니다.

원리 비법 대분수의 자연수와 진분수에 **각각 곱해 줘**!

◆ □ 안에 알맞은 수를 써넣으세요.

❶ $1\frac{1}{3}\times 2=(1\times\square)+\left(\frac{1}{3}\times\square\right)=\square+\frac{\square}{3}=\square\frac{\square}{3}$

❷ $2\frac{4}{9}\times 3=(2\times\square)+\left(\frac{4}{9}\times\square\right)=\square+\frac{\square}{3}=\square\frac{\square}{3}$

❸ $1\frac{2}{3}\times 4=(1\times\square)+\left(\frac{2}{3}\times\square\right)=\square+\frac{\square}{3}=\square\frac{\square}{3}$

❹ $1\frac{7}{9}\times 4=(1\times\square)+\left(\frac{7}{9}\times\square\right)=\square+\frac{\square}{9}=\square\frac{\square}{9}$

❺ $1\frac{8}{9}\times 2=(1\times\square)+\left(\frac{8}{9}\times\square\right)=\square+\frac{\square}{9}=\square\frac{\square}{9}$

❻ $1\frac{5}{9}\times 2=(1\times\square)+\left(\frac{5}{9}\times\square\right)=\square+\frac{\square}{9}=\square\frac{\square}{9}$

❼ $2\frac{2}{3}\times 5=(2\times\square)+\left(\frac{2}{3}\times\square\right)=\square+\frac{\square}{3}=\square\frac{\square}{3}$

❽ $1\frac{2}{9}\times 4=(1\times\square)+\left(\frac{2}{9}\times\square\right)=\square+\frac{\square}{9}=\square\frac{\square}{9}$

정답 94쪽

공부한 날짜	맞힌 개수	걸린 시간
월 일	/26	분

곱셈을 하세요.

9 $2\frac{5}{8}\times3$

10 $2\frac{5}{9}\times5$

11 $2\frac{2}{9}\times3$

12 $1\frac{5}{7}\times4$

13 $1\frac{2}{3}\times2$

14 $2\frac{1}{3}\times7$

15 $1\frac{3}{8}\times4$

16 $1\frac{1}{9}\times4$

17 $2\frac{4}{7}\times5$

18 $2\frac{8}{9}\times7$

19 $2\frac{3}{7}\times3$

20 $1\frac{5}{8}\times6$

21 $2\frac{5}{9}\times3$

22 $1\frac{6}{7}\times4$

23 $2\frac{4}{9}\times7$

24 $1\frac{2}{7}\times2$

25 $1\frac{1}{8}\times4$

26 $1\frac{7}{9}\times2$

05 (자연수)×(진분수)

○ $12\times\frac{4}{9}$의 계산

$$12\times\frac{4}{9}=\frac{\overset{4}{\cancel{12}}\times4}{\underset{3}{\cancel{9}}}=\frac{16}{3}=5\frac{1}{3}$$

자연수와 분자를 곱하는 과정에서 약분하여 계산합니다.

원리 비법 계산 결과가 가분수이면 **대분수**로 나타내!

□ 안에 알맞은 수를 써넣으세요.

❶ $25\times\frac{3}{10}=\frac{\overset{\square}{\cancel{25}}\times\square}{\underset{\square}{\cancel{10}}}=\frac{\square}{\square}=\square\frac{\square}{\square}$

❷ $10\times\frac{4}{15}=\frac{\overset{\square}{\cancel{10}}\times\square}{\underset{\square}{\cancel{15}}}=\frac{\square}{\square}=\square\frac{\square}{\square}$

❸ $25\times\frac{4}{15}=\frac{\overset{\square}{\cancel{25}}\times\square}{\underset{\square}{\cancel{15}}}=\frac{\square}{\square}=\square\frac{\square}{\square}$

❹ $18\times\frac{3}{14}=\frac{\overset{\square}{\cancel{18}}\times\square}{\underset{\square}{\cancel{14}}}=\frac{\square}{\square}=\square\frac{\square}{\square}$

❺ $12\times\frac{3}{8}=\frac{\overset{\square}{\cancel{12}}\times\square}{\underset{\square}{\cancel{8}}}=\frac{\square}{\square}=\square\frac{\square}{\square}$

❻ $12\times\frac{3}{10}=\frac{\overset{\square}{\cancel{12}}\times\square}{\underset{\square}{\cancel{10}}}=\frac{\square}{\square}=\square\frac{\square}{\square}$

정답 95쪽

공부한 날짜	맞힌 개수	걸린 시간
월 일	/24	분

◆ 곱셈을 하세요.

7. $20 \times \frac{11}{15}$

13. $18 \times \frac{13}{14}$

19. $12 \times \frac{5}{6}$

8. $36 \times \frac{7}{9}$

14. $40 \times \frac{1}{8}$

20. $28 \times \frac{9}{14}$

9. $2 \times \frac{7}{10}$

15. $3 \times \frac{8}{15}$

21. $5 \times \frac{2}{15}$

10. $6 \times \frac{1}{12}$

16. $36 \times \frac{2}{9}$

22. $45 \times \frac{4}{9}$

11. $12 \times \frac{1}{10}$

17. $9 \times \frac{2}{3}$

23. $6 \times \frac{7}{12}$

12. $20 \times \frac{4}{5}$

18. $28 \times \frac{4}{7}$

24. $20 \times \frac{13}{15}$

06 (자연수)×(진분수) B

○ $12\times\frac{4}{9}$의 계산

$$\overset{}{\underset{4}{\cancel{12}}}\times\frac{4}{\underset{3}{\cancel{9}}}=\frac{16}{3}=5\frac{1}{3}$$

자연수와 분모를 약분한 후 계산합니다.

원리 비법 **약분을 먼저** 하면 계산이 간단해!

□ 안에 알맞은 수를 써넣으세요.

❶ $\overset{\square}{\cancel{25}}\times\frac{11}{\underset{\square}{\cancel{15}}}=\frac{\square}{\square}=\square\frac{\square}{\square}$

❷ $\overset{\square}{\cancel{5}}\times\frac{7}{\underset{\square}{\cancel{10}}}=\frac{\square}{\square}=\square\frac{\square}{\square}$

❸ $\overset{\square}{\cancel{12}}\times\frac{3}{\underset{\square}{\cancel{14}}}=\frac{\square}{\square}=\square\frac{\square}{\square}$

❹ $\overset{\square}{\cancel{8}}\times\frac{2}{\underset{\square}{\cancel{6}}}=\frac{\square}{\square}=\square\frac{\square}{\square}$

❺ $\overset{\square}{\cancel{14}}\times\frac{5}{\underset{\square}{\cancel{8}}}=\frac{\square}{\square}=\square\frac{\square}{\square}$

❻ $\overset{\square}{\cancel{15}}\times\frac{3}{\underset{\square}{\cancel{10}}}=\frac{\square}{\square}=\square\frac{\square}{\square}$

❼ $\overset{\square}{\cancel{24}}\times\frac{5}{\underset{\square}{\cancel{36}}}=\frac{\square}{\square}=\square\frac{\square}{\square}$

❽ $\overset{\square}{\cancel{25}}\times\frac{2}{\underset{\square}{\cancel{15}}}=\frac{\square}{\square}=\square\frac{\square}{\square}$

❾ $\overset{\square}{\cancel{45}}\times\frac{3}{\underset{\square}{\cancel{40}}}=\frac{\square}{\square}=\square\frac{\square}{\square}$

❿ $\overset{\square}{\cancel{14}}\times\frac{1}{\underset{\square}{\cancel{10}}}=\frac{\square}{\square}=\square\frac{\square}{\square}$

정답 95쪽

공부한 날짜	맞힌 개수	걸린 시간
월 일	/28	분

곱셈을 하세요.

⑪ $18 \times \frac{2}{9}$

⑫ $16 \times \frac{11}{12}$

⑬ $16 \times \frac{1}{2}$

⑭ $12 \times \frac{2}{3}$

⑮ $14 \times \frac{3}{7}$

⑯ $30 \times \frac{14}{15}$

⑰ $14 \times \frac{2}{7}$

⑱ $12 \times \frac{1}{4}$

⑲ $6 \times \frac{1}{2}$

⑳ $20 \times \frac{4}{15}$

㉑ $12 \times \frac{1}{3}$

㉒ $30 \times \frac{1}{6}$

㉓ $10 \times \frac{11}{14}$

㉔ $18 \times \frac{7}{9}$

㉕ $8 \times \frac{1}{12}$

㉖ $20 \times \frac{1}{5}$

㉗ $26 \times \frac{5}{14}$

㉘ $5 \times \frac{3}{10}$

07 (자연수)×(대분수)

◦ $3\times1\frac{2}{5}$의 계산

$$3\times1\frac{2}{5}=3\times\frac{7}{5}=\frac{3\times7}{5}=\frac{21}{5}=4\frac{1}{5}$$

➡ 대분수를 가분수로 바꾸어 계산합니다.

계산 결과가 가분수이면 **대분수**로 나타내!

◈ □ 안에 알맞은 수를 써넣으세요.

❶ $4\times1\frac{1}{9}=4\times\frac{\square}{9}=\frac{4\times\square}{9}$

$=\frac{\square}{9}=\square\frac{\square}{9}$

❷ $5\times2\frac{1}{2}=5\times\frac{\square}{2}=\frac{5\times\square}{2}$

$=\frac{\square}{2}=\square\frac{\square}{2}$

❸ $6\times1\frac{3}{7}=6\times\frac{\square}{7}=\frac{6\times\square}{7}$

$=\frac{\square}{7}=\square\frac{\square}{7}$

❹ $7\times2\frac{1}{3}=7\times\frac{\square}{3}=\frac{7\times\square}{3}$

$=\frac{\square}{3}=\square\frac{\square}{3}$

❺ $4\times2\frac{1}{3}=4\times\frac{\square}{3}=\frac{4\times\square}{3}$

$=\frac{\square}{3}=\square\frac{\square}{3}$

❻ $5\times2\frac{5}{7}=5\times\frac{\square}{7}=\frac{5\times\square}{7}$

$=\frac{\square}{7}=\square\frac{\square}{7}$

❼ $4\times1\frac{5}{6}=4\times\frac{\square}{6}=\frac{4\times\square}{6}$

$=\frac{\square}{3}=\square\frac{\square}{3}$

❽ $6\times1\frac{3}{4}=6\times\frac{\square}{4}=\frac{6\times\square}{4}$

$=\frac{\square}{2}=\square\frac{\square}{2}$

정답 95쪽

공부한 날짜	맞힌 개수	걸린 시간
월 일	/26	분

곱셈을 하세요.

⑨ $3 \times 2\frac{1}{6}$

⑩ $4 \times 1\frac{2}{5}$

⑪ $4 \times 1\frac{1}{3}$

⑫ $7 \times 2\frac{1}{7}$

⑬ $2 \times 1\frac{2}{3}$

⑭ $5 \times 2\frac{2}{3}$

⑮ $4 \times 1\frac{3}{5}$

⑯ $3 \times 2\frac{2}{9}$

⑰ $2 \times 1\frac{5}{9}$

⑱ $2 \times 1\frac{4}{9}$

⑲ $5 \times 2\frac{5}{6}$

⑳ $6 \times 1\frac{2}{9}$

㉑ $2 \times 1\frac{3}{8}$

㉒ $6 \times 2\frac{1}{9}$

㉓ $2 \times 1\frac{5}{6}$

㉔ $7 \times 2\frac{1}{4}$

㉕ $5 \times 2\frac{1}{8}$

㉖ $3 \times 2\frac{7}{9}$

08 (자연수)×(대분수) B

○ $3\times1\frac{2}{5}$의 계산

$$3\times1\frac{2}{5}=(3\times1)+(3\times\frac{2}{5})=3+\frac{6}{5}=4\frac{1}{5}$$

➡ 자연수 3을 대분수의 자연수 1과 대분수의 진분수 $\frac{2}{5}$에 각각 곱합니다.

원리 비법 대분수의 자연수와 진분수에 **각각 곱해 줘**!

□ 안에 알맞은 수를 써넣으세요.

❶ $6\times1\frac{5}{8}=(\square\times1)+\left(\square\times\frac{5}{8}\right)=\square+\frac{\square}{4}=\square\frac{\square}{4}$

❷ $4\times1\frac{1}{3}=(\square\times1)+\left(\square\times\frac{1}{3}\right)=\square+\frac{\square}{3}=\square\frac{\square}{3}$

❸ $6\times1\frac{7}{9}=(\square\times1)+\left(\square\times\frac{7}{9}\right)=\square+\frac{\square}{3}=\square\frac{\square}{3}$

❹ $7\times2\frac{3}{5}=(\square\times2)+\left(\square\times\frac{3}{5}\right)=\square+\frac{\square}{5}=\square\frac{\square}{5}$

❺ $3\times2\frac{4}{9}=(\square\times2)+\left(\square\times\frac{4}{9}\right)=\square+\frac{\square}{3}=\square\frac{\square}{3}$

❻ $5\times2\frac{1}{6}=(\square\times2)+\left(\square\times\frac{1}{6}\right)=\square+\frac{\square}{6}=\square\frac{\square}{6}$

❼ $5\times2\frac{4}{7}=(\square\times2)+\left(\square\times\frac{4}{7}\right)=\square+\frac{\square}{7}=\square\frac{\square}{7}$

❽ $3\times2\frac{7}{8}=(\square\times2)+\left(\square\times\frac{7}{8}\right)=\square+\frac{\square}{8}=\square\frac{\square}{8}$

정답 95쪽

공부한 날짜	맞힌 개수	걸린 시간
월 일	/29	분

곱셈을 하세요.

❾ $5 \times 2\frac{1}{4}$

❿ $3 \times 2\frac{4}{5}$

⓫ $2 \times 1\frac{1}{9}$

⓬ $3 \times 2\frac{6}{7}$

⓭ $4 \times 1\frac{2}{7}$

⓮ $3 \times 2\frac{5}{6}$

⓯ $5 \times 2\frac{1}{9}$

⓰ $4 \times 1\frac{3}{7}$

⓱ $4 \times 1\frac{3}{8}$

⓲ $3 \times 2\frac{2}{3}$

⓳ $6 \times 1\frac{1}{8}$

⓴ $5 \times 2\frac{8}{9}$

㉑ $2 \times 1\frac{5}{7}$

㉒ $5 \times 2\frac{2}{5}$

㉓ $7 \times 2\frac{5}{9}$

㉔ $6 \times 1\frac{2}{3}$

㉕ $4 \times 1\frac{5}{9}$

㉖ $7 \times 2\frac{2}{3}$

㉗ $3 \times 2\frac{3}{5}$

㉘ $3 \times 2\frac{1}{8}$

㉙ $2 \times 1\frac{1}{7}$

09 (진분수)×(진분수)

○ $\frac{1}{2}\times\frac{1}{4}$의 계산

$$\frac{1}{2}\times\frac{1}{4}=\frac{1}{2\times4}=\frac{1}{8}$$

분자 1은 그대로 두고 분모끼리 곱합니다.

원리 비법 분자가 1인 분수를 **단위분수**라고 해!

□ 안에 알맞은 수를 써넣으세요.

❶ $\frac{1}{3}\times\frac{1}{4}=\frac{1}{\square\times\square}=\frac{1}{\square}$

❷ $\frac{1}{7}\times\frac{1}{7}=\frac{1}{\square\times\square}=\frac{1}{\square}$

❸ $\frac{1}{2}\times\frac{1}{3}=\frac{1}{\square\times\square}=\frac{1}{\square}$

❹ $\frac{1}{7}\times\frac{1}{8}=\frac{1}{\square\times\square}=\frac{1}{\square}$

❺ $\frac{1}{4}\times\frac{1}{8}=\frac{1}{\square\times\square}=\frac{1}{\square}$

❻ $\frac{1}{5}\times\frac{1}{8}=\frac{1}{\square\times\square}=\frac{1}{\square}$

❼ $\frac{1}{3}\times\frac{1}{11}=\frac{1}{\square\times\square}=\frac{1}{\square}$

❽ $\frac{1}{9}\times\frac{1}{9}=\frac{1}{\square\times\square}=\frac{1}{\square}$

❾ $\frac{1}{6}\times\frac{1}{6}=\frac{1}{\square\times\square}=\frac{1}{\square}$

❿ $\frac{1}{2}\times\frac{1}{11}=\frac{1}{\square\times\square}=\frac{1}{\square}$

정답 96쪽

공부한 날짜	맞힌 개수	걸린 시간
월 일	/28	분

곱셈을 하세요.

⑪ $\frac{1}{2} \times \frac{1}{5}$

⑰ $\frac{1}{6} \times \frac{1}{8}$

㉓ $\frac{1}{4} \times \frac{1}{4}$

⑫ $\frac{1}{7} \times \frac{1}{10}$

⑱ $\frac{1}{4} \times \frac{1}{10}$

㉔ $\frac{1}{10} \times \frac{1}{10}$

⑬ $\frac{1}{5} \times \frac{1}{9}$

⑲ $\frac{1}{6} \times \frac{1}{9}$

㉕ $\frac{1}{2} \times \frac{1}{7}$

⑭ $\frac{1}{3} \times \frac{1}{8}$

⑳ $\frac{1}{8} \times \frac{1}{8}$

㉖ $\frac{1}{7} \times \frac{1}{9}$

⑮ $\frac{1}{4} \times \frac{1}{9}$

㉑ $\frac{1}{6} \times \frac{1}{10}$

㉗ $\frac{1}{3} \times \frac{1}{9}$

⑯ $\frac{1}{2} \times \frac{1}{2}$

㉒ $\frac{1}{8} \times \frac{1}{9}$

㉘ $\frac{1}{6} \times \frac{1}{7}$

10 (진분수)×(진분수) B

○ $\frac{3}{4} \times \frac{5}{9}$의 계산

$$\frac{3}{4} \times \frac{5}{9} = \frac{3 \times 5}{4 \times 9} = \frac{\overset{5}{\cancel{15}}}{\underset{12}{\cancel{36}}} = \frac{5}{12}$$

➡ 계산 후 약분을 합니다.

$$\frac{\overset{1}{\cancel{3}}}{4} \times \frac{5}{\underset{3}{\cancel{9}}} = \frac{1 \times 5}{4 \times 3} = \frac{5}{12}$$

➡ 약분을 먼저 하고 계산을 합니다.

원리 비법 **약분을 먼저** 하고 계산을 하면 계산이 간단해!

◆ □ 안에 알맞은 수를 써넣으세요.

❶ $\frac{3}{4} \times \frac{7}{15} = \frac{\square \times \square}{\square \times \square} = \frac{\square}{60} = \frac{\square}{20}$

❷ $\frac{5}{6} \times \frac{11}{15} = \frac{\square \times \square}{\square \times \square} = \frac{\square}{90} = \frac{\square}{18}$

❸ $\frac{2}{3} \times \frac{1}{4} = \frac{\square \times \square}{\square \times \square} = \frac{\square}{12} = \frac{\square}{6}$

❹ $\frac{5}{6} \times \frac{7}{30} = \frac{\square \times \square}{\square \times \square} = \frac{\square}{180} = \frac{\square}{36}$

❺ $\frac{3}{5} \times \frac{2}{15} = \frac{\square \times \square}{\square \times \square} = \frac{\square}{75} = \frac{\square}{25}$

❻ $\frac{4}{7} \times \frac{1}{14} = \frac{\square \times \square}{\square \times \square} = \frac{\square}{98} = \frac{\square}{49}$

❼ $\frac{4}{5} \times \frac{11}{16} = \frac{\square \times \square}{\square \times \square} = \frac{\square}{80} = \frac{\square}{20}$

❽ $\frac{3}{4} \times \frac{7}{9} = \frac{\square \times \square}{\square \times \square} = \frac{\square}{36} = \frac{\square}{12}$

정답 96쪽

공부한 날짜	맞힌 개수	걸린 시간
월 일	/18	분

□ 안에 알맞은 수를 써넣으세요.

⑨ $\frac{7}{9} \times \frac{3}{10} = \frac{\square}{\square}$

⑭ $\frac{3}{5} \times \frac{2}{15} = \frac{\square}{\square}$

⑩ $\frac{4}{5} \times \frac{9}{10} = \frac{\square}{\square}$

⑮ $\frac{5}{8} \times \frac{1}{20} = \frac{\square}{\square}$

⑪ $\frac{2}{3} \times \frac{3}{10} = \frac{\square}{\square}$

⑯ $\frac{5}{6} \times \frac{1}{25} = \frac{\square}{\square}$

⑫ $\frac{2}{7} \times \frac{5}{14} = \frac{\square}{\square}$

⑰ $\frac{3}{4} \times \frac{7}{12} = \frac{\square}{\square}$

⑬ $\frac{3}{4} \times \frac{5}{18} = \frac{\square}{\square}$

⑱ $\frac{2}{3} \times \frac{1}{2} = \frac{\square}{\square}$

11 (대분수)×(대분수)

○ $1\frac{1}{3}\times2\frac{2}{5}$의 계산

$$1\frac{1}{3}\times2\frac{2}{5}=\frac{4}{\cancel{3}_{1}}\times\frac{\cancel{12}^{4}}{5}=\frac{4\times4}{1\times5}=\frac{16}{5}=3\frac{1}{5}$$

➡ 대분수를 가분수로 바꾼 후 분자는 분자끼리, 분모는 분모끼리 곱합니다.

원리 비법 계산을 한 후, 약분을 해도 **같은 결과**가 나와!

□ 안에 알맞은 수를 써넣으세요.

❶ $1\frac{3}{7}\times1\frac{9}{14}=\frac{\square}{7}\times\frac{\square}{14}$

$=\frac{\square\times\square}{7\times7}=\frac{\square}{\square}=\square\frac{\square}{\square}$

❷ $1\frac{2}{3}\times1\frac{3}{10}=\frac{\square}{3}\times\frac{\square}{10}$

$=\frac{\square\times\square}{3\times2}=\frac{\square}{\square}=\square\frac{\square}{\square}$

❸ $1\frac{1}{5}\times1\frac{11}{20}=\frac{\square}{5}\times\frac{\square}{20}$

$=\frac{\square\times\square}{5\times10}=\frac{\square}{\square}=\square\frac{\square}{\square}$

❹ $3\frac{3}{4}\times1\frac{1}{12}=\frac{\square}{4}\times\frac{\square}{12}$

$=\frac{\square\times\square}{4\times4}=\frac{\square}{\square}=\square\frac{\square}{\square}$

❺ $2\frac{4}{5}\times2\frac{1}{20}=\frac{\square}{5}\times\frac{\square}{20}$

$=\frac{\square\times\square}{5\times10}=\frac{\square}{\square}=\square\frac{\square}{\square}$

❻ $1\frac{3}{5}\times1\frac{1}{20}=\frac{\square}{5}\times\frac{\square}{20}$

$=\frac{\square\times\square}{5\times5}=\frac{\square}{\square}=\square\frac{\square}{\square}$

정답 96쪽

공부한 날짜	맞힌 개수	걸린 시간
월 일	/27	분

곱셈을 하세요.

⑦ $1\frac{3}{5}\times2\frac{2}{3}$

⑧ $1\frac{3}{4}\times1\frac{1}{15}$

⑨ $1\frac{1}{6}\times1\frac{9}{14}$

⑩ $2\frac{2}{5}\times2\frac{9}{10}$

⑪ $2\frac{4}{9}\times2\frac{7}{10}$

⑫ $1\frac{3}{4}\times1\frac{1}{9}$

⑬ $1\frac{1}{5}\times2\frac{1}{3}$

⑭ $2\frac{2}{3}\times2\frac{5}{8}$

⑮ $2\frac{7}{9}\times2\frac{7}{10}$

⑯ $1\frac{1}{4}\times2\frac{9}{10}$

⑰ $2\frac{2}{3}\times2\frac{5}{12}$

⑱ $2\frac{5}{8}\times2\frac{2}{15}$

⑲ $2\frac{2}{3}\times2\frac{5}{14}$

⑳ $1\frac{1}{2}\times3\frac{1}{2}$

㉑ $1\frac{2}{3}\times1\frac{5}{6}$

㉒ $1\frac{5}{6}\times1\frac{11}{15}$

㉓ $1\frac{5}{8}\times1\frac{3}{25}$

㉔ $2\frac{5}{6}\times2\frac{4}{25}$

㉕ $1\frac{3}{4}\times1\frac{1}{2}$

㉖ $2\frac{2}{5}\times2\frac{8}{15}$

㉗ $2\frac{2}{3}\times1\frac{1}{5}$

12 (대분수)×(대분수)

B

○ $1\frac{2}{3}\times2\frac{1}{10}$의 계산

$$1\frac{2}{3}\times2\frac{1}{10}=\frac{\overset{1}{\cancel{5}}}{\underset{1}{\cancel{3}}}\times\frac{\overset{7}{\cancel{21}}}{\underset{2}{\cancel{10}}}=\frac{1\times7}{1\times2}=\frac{7}{2}=3\frac{1}{2}$$

➡ 대분수를 가분수로 바꾼 후 약분하여 계산합니다.

원리 비법 **분자**는 **분자**끼리, **분모**는 **분모**끼리 곱해!

◆ □ 안에 알맞은 수를 써넣으세요.

❶ $1\frac{5}{9}\times2\frac{7}{10}=\frac{\square}{9}\times\frac{\square}{10}=\frac{\square}{5}=\square\frac{\square}{5}$

❷ $1\frac{1}{6}\times1\frac{1}{2}=\frac{\square}{6}\times\frac{\square}{2}=\frac{\square}{4}=\square\frac{\square}{4}$

❸ $1\frac{3}{7}\times1\frac{3}{14}=\frac{\square}{7}\times\frac{\square}{14}=\frac{\square}{49}=\square\frac{\square}{49}$

❹ $2\frac{3}{4}\times2\frac{2}{15}=\frac{\square}{4}\times\frac{\square}{15}=\frac{\square}{15}=\square\frac{\square}{15}$

❺ $2\frac{2}{5}\times2\frac{3}{10}=\frac{\square}{5}\times\frac{\square}{10}=\frac{\square}{25}=\square\frac{\square}{25}$

❻ $1\frac{1}{8}\times1\frac{5}{18}=\frac{\square}{8}\times\frac{\square}{18}=\frac{\square}{16}=\square\frac{\square}{16}$

❼ $2\frac{2}{3}\times2\frac{7}{10}=\frac{\square}{3}\times\frac{\square}{10}=\frac{\square}{5}=\square\frac{\square}{5}$

❽ $1\frac{3}{5}\times1\frac{1}{10}=\frac{\square}{5}\times\frac{\square}{10}=\frac{\square}{25}=\square\frac{\square}{25}$

정답 96쪽

공부한 날짜	맞힌 개수	걸린 시간
월 일	/26	분

곱셈을 하세요.

9 $2\frac{1}{4}\times2\frac{2}{9}$

15 $3\frac{3}{5}\times1\frac{2}{3}$

21 $2\frac{4}{5}\times2\frac{3}{10}$

10 $2\frac{7}{8}\times2\frac{2}{35}$

16 $2\frac{3}{4}\times2\frac{2}{9}$

22 $2\frac{7}{8}\times2\frac{2}{7}$

11 $2\frac{5}{6}\times2\frac{2}{5}$

17 $1\frac{5}{7}\times1\frac{9}{10}$

23 $1\frac{3}{8}\times1\frac{7}{9}$

12 $7\frac{1}{2}\times2\frac{8}{15}$

18 $2\frac{2}{5}\times2\frac{1}{20}$

24 $1\frac{1}{3}\times2\frac{7}{10}$

13 $2\frac{4}{9}\times2\frac{7}{10}$

19 $1\frac{2}{3}\times1\frac{7}{8}$

25 $1\frac{5}{7}\times1\frac{3}{14}$

14 $1\frac{4}{5}\times1\frac{4}{21}$

20 $2\frac{1}{4}\times2\frac{5}{6}$

26 $1\frac{7}{8}\times1\frac{3}{7}$

13 세 분수의 곱셈

○ $\frac{1}{2} \times \frac{4}{5} \times \frac{3}{7}$의 계산

$$\frac{1}{2} \times \frac{4}{5} \times \frac{3}{7} = \frac{1 \times \overset{2}{\cancel{4}} \times 3}{\underset{1}{\cancel{2}} \times 5 \times 7} = \frac{6}{35}$$

분모는 분모끼리, 분자는 분자끼리 곱하는 과정에서 약분을 합니다.

곱셈의 위치와 상관없이 **분자와 분모를** 약분하면 돼!

□ 안에 알맞은 수를 써넣으세요.

❶ $\frac{5}{9} \times \frac{2}{7} \times \frac{3}{8} = \frac{\square \times \overset{\square}{\cancel{2}} \times \overset{\square}{\cancel{3}}}{\underset{\square}{\cancel{9}} \times \square \times \underset{\square}{\cancel{8}}} = \frac{\square}{\square}$

❷ $\frac{6}{7} \times \frac{3}{4} \times \frac{7}{8} = \frac{\overset{\square}{\cancel{6}} \times \square \times \overset{\square}{\cancel{7}}}{\underset{\square}{\cancel{7}} \times \square \times \underset{\square}{\cancel{8}}} = \frac{\square}{\square}$

❸ $\frac{7}{8} \times \frac{3}{8} \times \frac{1}{14} = \frac{\overset{\square}{\cancel{7}} \times \square \times \square}{\square \times \square \times \underset{\square}{\cancel{14}}} = \frac{\square}{\square}$

❹ $\frac{1}{7} \times \frac{7}{10} \times \frac{5}{7} = \frac{\square \times \overset{\square}{\cancel{7}} \times \overset{\square}{\cancel{5}}}{\underset{\square}{\cancel{7}} \times \underset{\square}{\cancel{10}} \times \square} = \frac{\square}{\square}$

❺ $\frac{7}{9} \times \frac{4}{7} \times \frac{3}{5} = \frac{\overset{\square}{\cancel{7}} \times \square \times \overset{\square}{\cancel{3}}}{\underset{\square}{\cancel{9}} \times \underset{\square}{\cancel{7}} \times \square} = \frac{\square}{\square}$

❻ $\frac{4}{7} \times \frac{5}{6} \times \frac{1}{15} = \frac{\overset{\square}{\cancel{4}} \times \overset{\square}{\cancel{5}} \times \square}{\square \times \underset{\square}{\cancel{6}} \times \underset{\square}{\cancel{15}}} = \frac{\square}{\square}$

정답 97쪽

공부한 날짜	맞힌 개수	걸린 시간
월 일	/24	분

곱셈을 하세요.

7 $\frac{2}{7} \times \frac{7}{8} \times \frac{4}{5}$

8 $\frac{2}{9} \times \frac{4}{5} \times \frac{5}{8}$

9 $\frac{1}{5} \times \frac{5}{8} \times \frac{1}{9}$

10 $\frac{3}{10} \times \frac{4}{9} \times \frac{5}{8}$

11 $\frac{1}{6} \times \frac{3}{7} \times \frac{7}{12}$

12 $\frac{8}{9} \times \frac{1}{8} \times \frac{3}{4}$

13 $\frac{5}{9} \times \frac{1}{5} \times \frac{4}{9}$

14 $\frac{5}{8} \times \frac{8}{11} \times \frac{1}{5}$

15 $\frac{7}{8} \times \frac{1}{2} \times \frac{2}{7}$

16 $\frac{1}{2} \times \frac{3}{7} \times \frac{2}{3}$

17 $\frac{1}{9} \times \frac{1}{4} \times \frac{2}{5}$

18 $\frac{1}{4} \times \frac{2}{9} \times \frac{3}{7}$

19 $\frac{3}{5} \times \frac{5}{9} \times \frac{1}{7}$

20 $\frac{3}{7} \times \frac{8}{9} \times \frac{1}{2}$

21 $\frac{8}{9} \times \frac{3}{5} \times \frac{1}{4}$

22 $\frac{4}{5} \times \frac{2}{3} \times \frac{1}{6}$

23 $\frac{7}{10} \times \frac{6}{7} \times \frac{1}{6}$

24 $\frac{1}{3} \times \frac{2}{5} \times \frac{6}{7}$

14 세 분수의 곱셈 B

○ $\frac{1}{2} \times \frac{4}{5} \times \frac{3}{7}$의 계산

$$\frac{1}{\overset{}{\underset{1}{\not{2}}}} \times \frac{\overset{2}{\not{4}}}{5} \times \frac{3}{7} = \frac{1 \times 2 \times 3}{1 \times 5 \times 7} = \frac{6}{35}$$

➡ 분모와 분자를 약분 한 후 계산합니다.

원리 비법 **약분을 먼저** 하고 계산을 하면 계산이 간단해!

□ 안에 알맞은 수를 써넣으세요.

❶ $\frac{1}{\not{5}_{\square}} \times \frac{\not{5}^{\square}}{8} \times \frac{1}{9} = \frac{\square}{\square}$

❺ $\frac{\not{5}^{\square}}{9} \times \frac{1}{\not{5}_{\square}} \times \frac{4}{9} = \frac{\square}{\square}$

❷ $\frac{1}{\not{6}_{\square}} \times \frac{\not{2}^{\square}}{7} \times \frac{5}{6} = \frac{\square}{\square}$

❻ $\frac{3}{\not{4}_{\square}} \times \frac{\not{6}^{\square}}{7} \times \frac{1}{2} = \frac{\square}{\square}$

❸ $\frac{\not{3}^{\square}}{\not{5}_{\square}} \times \frac{\not{5}^{\square}}{\not{9}_{\square}} \times \frac{1}{7} = \frac{\square}{\square}$

❼ $\frac{\not{3}^{\square}}{7} \times \frac{\not{4}^{\square}}{\not{9}_{\square}} \times \frac{5}{\not{8}_{\square}} = \frac{\square}{\square}$

❹ $\frac{\not{2}^{\square}}{\not{3}_{\square}} \times \frac{1}{\not{14}_{\square}} \times \frac{\not{9}^{\square}}{10} = \frac{\square}{\square}$

❽ $\frac{1}{\not{3}_{\square}} \times \frac{2}{5} \times \frac{\not{6}^{\square}}{7} = \frac{\square}{\square}$

정답 97쪽

공부한 날짜	맞힌 개수	걸린 시간
월 일	/26	분

곱셈을 하세요.

9 $\frac{4}{9} \times \frac{2}{7} \times \frac{3}{8}$

10 $\frac{7}{10} \times \frac{1}{9} \times \frac{5}{7}$

11 $\frac{3}{8} \times \frac{4}{9} \times \frac{1}{3}$

12 $\frac{5}{8} \times \frac{7}{8} \times \frac{1}{5}$

13 $\frac{5}{7} \times \frac{8}{9} \times \frac{7}{10}$

14 $\frac{5}{6} \times \frac{3}{4} \times \frac{1}{5}$

15 $\frac{7}{9} \times \frac{4}{7} \times \frac{3}{5}$

16 $\frac{1}{2} \times \frac{3}{7} \times \frac{2}{3}$

17 $\frac{2}{7} \times \frac{5}{6} \times \frac{4}{5}$

18 $\frac{5}{6} \times \frac{1}{8} \times \frac{3}{4}$

19 $\frac{9}{10} \times \frac{1}{6} \times \frac{5}{9}$

20 $\frac{7}{8} \times \frac{1}{2} \times \frac{2}{7}$

21 $\frac{4}{5} \times \frac{2}{3} \times \frac{1}{6}$

22 $\frac{8}{9} \times \frac{3}{5} \times \frac{1}{4}$

23 $\frac{6}{7} \times \frac{3}{4} \times \frac{7}{8}$

24 $\frac{2}{5} \times \frac{5}{6} \times \frac{3}{7}$

25 $\frac{1}{4} \times \frac{2}{9} \times \frac{4}{7}$

26 $\frac{1}{9} \times \frac{1}{4} \times \frac{2}{5}$

01 (1보다 작은 소수)×(자연수) A

○ 0.7×4의 계산

$$7 \times 4 = 28$$

$\frac{1}{10}$배 ↓ ↓ $\frac{1}{10}$배

$$0.7 \times 4 = 2.8$$

➡ 0.7 × 4의 계산은 7 × 4의 계산 결과에 $\frac{1}{10}$배를 합니다.

원리 비법 곱해지는 수가 $\frac{1}{10}$배가 되면 계산 결과도 $\frac{1}{10}$ **배**가 돼!

◆ □ 안에 알맞은 수를 써넣으세요.

❶ 7 ×5= 35
↓ $\frac{1}{10}$배 ↓ $\frac{1}{10}$배
□×5=□

❷ 2 ×4= 8
↓ $\frac{1}{10}$배 ↓ $\frac{1}{10}$배
□×4=□

❸ 6 ×6= 36
↓ $\frac{1}{10}$배 ↓ $\frac{1}{10}$배
□×6=□

❹ 3 ×4= 12
↓ $\frac{1}{10}$배 ↓ $\frac{1}{10}$배
□×4=□

❺ 8 ×7= 56
↓ $\frac{1}{10}$배 ↓ $\frac{1}{10}$배
□×7=□

❻ 8 ×8= 64
↓ $\frac{1}{10}$배 ↓ $\frac{1}{10}$배
□×8=□

❼ 7 ×4= 28
↓ $\frac{1}{10}$배 ↓ $\frac{1}{10}$배
□×4=□

❽ 6 ×2= 12
↓ $\frac{1}{10}$배 ↓ $\frac{1}{10}$배
□×2=□

❾ 5 ×6= 30
↓ $\frac{1}{10}$배 ↓ $\frac{1}{10}$배
□×6=□

❿ 4 ×3= 12
↓ $\frac{1}{10}$배 ↓ $\frac{1}{10}$배
□×3=□

⓫ 9 ×2= 18
↓ $\frac{1}{10}$배 ↓ $\frac{1}{10}$배
□×2=□

⓬ 9 ×9= 81
↓ $\frac{1}{10}$배 ↓ $\frac{1}{10}$배
□×9=□

정답 98쪽

공부한 날짜	맞힌 개수	걸린 시간
월 일	/33	분

곱셈을 하세요.

⑬ 0.2×6

⑳ 0.9×3

㉗ 0.6×4

⑭ 0.9×4

㉑ 0.4×6

㉘ 0.9×7

⑮ 0.5×2

㉒ 0.2×8

㉙ 0.4×5

⑯ 0.5×8

㉓ 0.5×5

㉚ 0.7×2

⑰ 0.8×2

㉔ 0.8×5

㉛ 0.3×7

⑱ 0.6×9

㉕ 0.6×8

㉜ 0.4×9

⑲ 0.3×3

㉖ 0.7×7

㉝ 0.7×9

02 (1보다 작은 소수)×(자연수) B

○ 0.7×4의 계산

$$0.7\times4=\frac{7}{10}\times4=\frac{7\times4}{10}=\frac{28}{10}=2.8$$

➡ 0.7을 $\frac{7}{10}$로 바꿔서 분수의 곱셈으로 계산합니다.

소수를 분수로 바꿔서 계산해!

◆ □ 안에 알맞은 수를 써넣으세요.

❶ $0.3\times3=\frac{\square}{10}\times3=\frac{\square\times3}{10}=\frac{\square}{10}=\square.\square$

❷ $0.6\times3=\frac{\square}{10}\times3=\frac{\square\times3}{10}=\frac{\square}{10}=\square.\square$

❸ $0.8\times8=\frac{\square}{10}\times8=\frac{\square\times8}{10}=\frac{\square}{10}=\square.\square$

❹ $0.9\times4=\frac{\square}{10}\times4=\frac{\square\times4}{10}=\frac{\square}{10}=\square.\square$

❺ $0.5\times5=\frac{\square}{10}\times5=\frac{\square\times5}{10}=\frac{\square}{10}=\square.\square$

❻ $0.2\times9=\frac{\square}{10}\times9=\frac{\square\times9}{10}=\frac{\square}{10}=\square.\square$

❼ $0.7\times7=\frac{\square}{10}\times7=\frac{\square\times7}{10}=\frac{\square}{10}=\square.\square$

❽ $0.4\times8=\frac{\square}{10}\times8=\frac{\square\times8}{10}=\frac{\square}{10}=\square.\square$

정답 98쪽

공부한 날짜	맞힌 개수	걸린 시간
월 일	/29	분

◆ 곱셈을 하세요.

❾ 0.8×6

⓰ 0.4×2

㉓ 0.4×7

❿ 0.6×5

⓱ 0.5×9

㉔ 0.5×2

⓫ 0.2×4

⓲ 0.7×9

㉕ 0.9×8

⓬ 0.2×5

⓳ 0.7×2

㉖ 0.2×7

⓭ 0.6×6

⓴ 0.4×5

㉗ 0.9×6

⓮ 0.3×6

㉑ 0.8×9

㉘ 0.6×8

⓯ 0.9×3

㉒ 0.7×4

㉙ 0.3×8

03 (1보다 작은 소수)×(자연수)

0.7×4의 계산

$$\begin{array}{r} {\scriptstyle 2}\\ 0.7 \\ \times \quad 4 \\ \hline 8 \end{array} \quad \Rightarrow \quad \begin{array}{r} {\scriptstyle 2}\\ 0.7 \\ \times \quad 4 \\ \hline 2.8 \end{array}$$

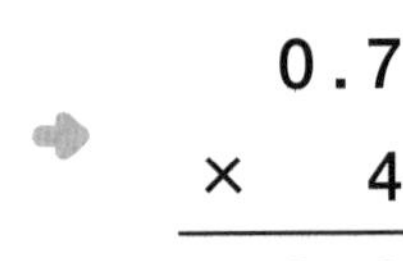

① 7 × 4 = 28이므로 2를 일의 자리로 올림합니다.
② 올림한 2를 일의 자리로 내려 쓰고 소수점은 같은 위치로 내려 씁니다.

계산 결과에 **소수점**을 꼭 찍어 줘야 해!

곱셈을 하세요.

❶ $\begin{array}{r} 0.2 \\ \times \quad 5 \\ \hline \end{array}$

❷ $\begin{array}{r} 0.6 \\ \times \quad 6 \\ \hline \end{array}$

❸ $\begin{array}{r} 0.3 \\ \times \quad 7 \\ \hline \end{array}$

❹ $\begin{array}{r} 0.6 \\ \times \quad 9 \\ \hline \end{array}$

❺ $\begin{array}{r} 0.7 \\ \times \quad 3 \\ \hline \end{array}$

❻ $\begin{array}{r} 0.4 \\ \times \quad 6 \\ \hline \end{array}$

❼ $\begin{array}{r} 0.9 \\ \times \quad 5 \\ \hline \end{array}$

❽ $\begin{array}{r} 0.4 \\ \times \quad 3 \\ \hline \end{array}$

❾ $\begin{array}{r} 0.3 \\ \times \quad 3 \\ \hline \end{array}$

❿ $\begin{array}{r} 0.8 \\ \times \quad 6 \\ \hline \end{array}$

⓫ $\begin{array}{r} 0.5 \\ \times \quad 3 \\ \hline \end{array}$

⓬ $\begin{array}{r} 0.9 \\ \times \quad 8 \\ \hline \end{array}$

정답 98쪽

공부한 날짜	맞힌 개수	걸린 시간
월 일	/27	분

곱셈을 하세요.

⑬ $\begin{array}{r} 0.7 \\ \times \quad 7 \\ \hline \end{array}$

⑭ $\begin{array}{r} 0.3 \\ \times \quad 5 \\ \hline \end{array}$

⑮ $\begin{array}{r} 0.9 \\ \times \quad 7 \\ \hline \end{array}$

⑯ $\begin{array}{r} 0.4 \\ \times \quad 9 \\ \hline \end{array}$

⑰ $\begin{array}{r} 0.6 \\ \times \quad 8 \\ \hline \end{array}$

⑱ $\begin{array}{r} 0.7 \\ \times \quad 5 \\ \hline \end{array}$

⑲ $\begin{array}{r} 0.9 \\ \times \quad 3 \\ \hline \end{array}$

⑳ $\begin{array}{r} 0.8 \\ \times \quad 4 \\ \hline \end{array}$

㉑ $\begin{array}{r} 0.6 \\ \times \quad 3 \\ \hline \end{array}$

㉒ $\begin{array}{r} 0.2 \\ \times \quad 8 \\ \hline \end{array}$

㉓ $\begin{array}{r} 0.2 \\ \times \quad 3 \\ \hline \end{array}$

㉔ $\begin{array}{r} 0.5 \\ \times \quad 6 \\ \hline \end{array}$

㉕ $\begin{array}{r} 0.3 \\ \times \quad 9 \\ \hline \end{array}$

㉖ $\begin{array}{r} 0.8 \\ \times \quad 9 \\ \hline \end{array}$

㉗ $\begin{array}{r} 0.5 \\ \times \quad 4 \\ \hline \end{array}$

04 (1보다 큰 소수)×(자연수)

1.3×5의 계산

$$13 \times 5 = 65$$

$\frac{1}{10}$배 ↓ ↓ $\frac{1}{10}$배

$$1.3 \times 5 = 6.5$$

➡ 1.3 × 5의 계산은 13 × 5의 계산 결과에 $\frac{1}{10}$배를 합니다.

원리 비법 곱해지는 수가 $\frac{1}{10}$배가 되면 계산 결과도 $\frac{1}{10}$**배**가 돼!

☐ 안에 알맞은 수를 써넣으세요.

❶ 12 ×4= 48
↓ $\frac{1}{10}$배 ↓ $\frac{1}{10}$배
☐×4=☐

❷ 22 ×4= 88
↓ $\frac{1}{10}$배 ↓ $\frac{1}{10}$배
☐×4=☐

❸ 18 ×4= 72
↓ $\frac{1}{10}$배 ↓ $\frac{1}{10}$배
☐×4=☐

❹ 13 ×3= 39
↓ $\frac{1}{10}$배 ↓ $\frac{1}{10}$배
☐×3=☐

❺ 24 ×5=120
↓ $\frac{1}{10}$배 ↓ $\frac{1}{10}$배
☐×5=☐

❻ 14 ×5= 70
↓ $\frac{1}{10}$배 ↓ $\frac{1}{10}$배
☐×5=☐

❼ 25 ×9=225
↓ $\frac{1}{10}$배 ↓ $\frac{1}{10}$배
☐×9=☐

❽ 27 ×3= 81
↓ $\frac{1}{10}$배 ↓ $\frac{1}{10}$배
☐×3=☐

정답 98쪽

공부한 날짜	맞힌 개수	걸린 시간
월 일	/29	분

곱셈을 하세요.

❾ 1.4×3

❿ 1.7×6

⓫ 2.8×6

⓬ 1.5×8

⓭ 2.6×4

⓮ 1.6×7

⓯ 2.3×5

⓰ 1.8×6

⓱ 2.2×8

⓲ 1.2×9

⓳ 2.7×8

⓴ 1.3×5

㉑ 2.9×2

㉒ 1.9×5

㉓ 1.2×6

㉔ 1.6×9

㉕ 2.3×9

㉖ 1.7×2

㉗ 2.6×7

㉘ 1.5×6

㉙ 2.5×3

05 (1보다 큰 소수)×(자연수)

1.3×5의 계산

$$1.3\times5=\frac{13}{10}\times5=\frac{13\times5}{10}=\frac{65}{10}=6.5$$

➡ 1.3을 $\frac{13}{10}$으로 바꿔서 분수의 곱셈으로 계산합니다.

원리 비법 **소수를 분수로** 바꿔서 계산해!

◆ □ 안에 알맞은 수를 써넣으세요.

❶ $1.2\times3=\frac{\square}{10}\times3=\frac{\square\times3}{10}=\frac{\square}{10}=\square.\square$

❷ $2.2\times3=\frac{\square}{10}\times3=\frac{\square\times3}{10}=\frac{\square}{10}=\square.\square$

❸ $1.3\times5=\frac{\square}{10}\times5=\frac{\square\times5}{10}=\frac{\square}{10}=\square.\square$

❹ $2.4\times6=\frac{\square}{10}\times6=\frac{\square\times6}{10}=\frac{\square}{10}=\square\square.\square$

❺ $2.3\times4=\frac{\square}{10}\times4=\frac{\square\times4}{10}=\frac{\square}{10}=\square.\square$

❻ $1.8\times7=\frac{\square}{10}\times7=\frac{\square\times7}{10}=\frac{\square}{10}=\square\square.\square$

❼ $2.5\times7=\frac{\square}{10}\times7=\frac{\square\times7}{10}=\frac{\square}{10}=\square\square.\square$

❽ $1.6\times4=\frac{\square}{10}\times4=\frac{\square\times4}{10}=\frac{\square}{10}=\square.\square$

정답 99쪽

공부한 날짜	맞힌 개수	걸린 시간
월 일	/29	분

곱셈을 하세요.

9 2.8×2

10 1.7×5

11 2.4×3

12 2.2×9

13 2.7×7

14 1.5×5

15 1.9×9

16 1.4×2

17 2.9×8

18 1.9×4

19 2.8×5

20 1.2×8

21 1.5×3

22 2.7×6

23 2.4×9

24 1.6×8

25 2.6×9

26 1.7×3

27 2.5×6

28 2.3×8

29 1.8×9

06 (1보다 큰 소수)×(자연수)

1.3×5의 계산

$$\begin{array}{r} {}^{1}\\ 1.3 \\ \times\ \ 5 \\ \hline 5 \end{array} \Rightarrow \begin{array}{r} {}^{1}\\ 1.3 \\ \times\ \ 5 \\ \hline 6.5 \end{array}$$

① 3 × 5 = 15이므로 1을 일의 자리로 올림합니다.
② 올림한 1과 1 × 5의 계산 결과를 더해 줍니다.
③ 소수점을 같은 위치로 내려 씁니다.

원리 비법 계산 결과에 **소수점**을 꼭 찍어 줘야 해!

곱셈을 하세요.

❶ $\begin{array}{r} 1.6 \\ \times\ \ 9 \\ \hline \end{array}$

❷ $\begin{array}{r} 1.9 \\ \times\ \ 6 \\ \hline \end{array}$

❸ $\begin{array}{r} 2.5 \\ \times\ \ 3 \\ \hline \end{array}$

❹ $\begin{array}{r} 1.2 \\ \times\ \ 4 \\ \hline \end{array}$

❺ $\begin{array}{r} 2.9 \\ \times\ \ 7 \\ \hline \end{array}$

❻ $\begin{array}{r} 1.5 \\ \times\ \ 5 \\ \hline \end{array}$

❼ $\begin{array}{r} 1.3 \\ \times\ \ 3 \\ \hline \end{array}$

❽ $\begin{array}{r} 2.6 \\ \times\ \ 6 \\ \hline \end{array}$

❾ $\begin{array}{r} 1.8 \\ \times\ \ 5 \\ \hline \end{array}$

❿ $\begin{array}{r} 2.7 \\ \times\ \ 3 \\ \hline \end{array}$

⓫ $\begin{array}{r} 1.4 \\ \times\ \ 8 \\ \hline \end{array}$

⓬ $\begin{array}{r} 1.7 \\ \times\ \ 4 \\ \hline \end{array}$

정답 99쪽

공부한 날짜	맞힌 개수	걸린 시간
월 일	/27	분

곱셈을 하세요.

⑬ $\begin{array}{r} 1.8 \\ \times \quad 2 \\ \hline \end{array}$

⑭ $\begin{array}{r} 1.6 \\ \times \quad 4 \\ \hline \end{array}$

⑮ $\begin{array}{r} 1.3 \\ \times \quad 6 \\ \hline \end{array}$

⑯ $\begin{array}{r} 2.7 \\ \times \quad 6 \\ \hline \end{array}$

⑰ $\begin{array}{r} 1.7 \\ \times \quad 7 \\ \hline \end{array}$

⑱ $\begin{array}{r} 2.2 \\ \times \quad 4 \\ \hline \end{array}$

⑲ $\begin{array}{r} 2.5 \\ \times \quad 7 \\ \hline \end{array}$

⑳ $\begin{array}{r} 2.3 \\ \times \quad 7 \\ \hline \end{array}$

㉑ $\begin{array}{r} 1.5 \\ \times \quad 8 \\ \hline \end{array}$

㉒ $\begin{array}{r} 2.9 \\ \times \quad 3 \\ \hline \end{array}$

㉓ $\begin{array}{r} 2.4 \\ \times \quad 4 \\ \hline \end{array}$

㉔ $\begin{array}{r} 1.2 \\ \times \quad 7 \\ \hline \end{array}$

㉕ $\begin{array}{r} 1.9 \\ \times \quad 2 \\ \hline \end{array}$

㉖ $\begin{array}{r} 2.6 \\ \times \quad 4 \\ \hline \end{array}$

㉗ $\begin{array}{r} 1.4 \\ \times \quad 4 \\ \hline \end{array}$

07 (자연수)×(1보다 작은 소수)

○ 2×0.6의 계산

$$2 \times 6 = 12$$

$\frac{1}{10}$배 ↓　　↓ $\frac{1}{10}$배

$$2 \times 0.6 = 1.2$$

➡ 2 × 0.6의 계산은 2 × 6의 계산 결과에 $\frac{1}{10}$배를 합니다.

원리 비법 곱하는 수가 $\frac{1}{10}$배가 되면 계산 결과도 $\frac{1}{10}$**배**가 돼!

◇ □ 안에 알맞은 수를 써넣으세요.

❶ 8 × 9 = 72

$\frac{1}{10}$배 ↓　　↓ $\frac{1}{10}$배

8 × □ = □

❷ 4 × 2 = 8

$\frac{1}{10}$배 ↓　　↓ $\frac{1}{10}$배

4 × □ = □

❸ 8 × 7 = 56

$\frac{1}{10}$배 ↓　　↓ $\frac{1}{10}$배

8 × □ = □

❹ 2 × 8 = 16

$\frac{1}{10}$배 ↓　　↓ $\frac{1}{10}$배

2 × □ = □

❺ 6 × 3 = 18

$\frac{1}{10}$배 ↓　　↓ $\frac{1}{10}$배

6 × □ = □

❻ 3 × 5 = 15

$\frac{1}{10}$배 ↓　　↓ $\frac{1}{10}$배

3 × □ = □

❼ 5 × 6 = 30

$\frac{1}{10}$배 ↓　　↓ $\frac{1}{10}$배

5 × □ = □

❽ 9 × 4 = 36

$\frac{1}{10}$배 ↓　　↓ $\frac{1}{10}$배

9 × □ = □

정답 99쪽

공부한 날짜	맞힌 개수	걸린 시간
월 일	/29	분

곱셈을 하세요.

9 2×0.4

10 7×0.5

11 6×0.6

12 2×0.7

13 4×0.9

14 8×0.3

15 8×0.5

16 8×0.8

17 9×0.7

18 3×0.3

19 9×0.2

20 5×0.5

21 8×0.6

22 5×0.4

23 7×0.2

24 7×0.4

25 7×0.8

26 5×0.9

27 7×0.9

28 7×0.6

29 5×0.8

08 (자연수)×(1보다 작은 소수)

○ **2×0.6의 계산**

$$2\times0.6=2\times\frac{6}{10}=\frac{2\times6}{10}=\frac{12}{10}=1.2$$

➡ 0.6을 $\frac{6}{10}$으로 바꿔서 분수의 곱셈으로 계산합니다.

소수를 분수로 바꿔서 계산해!

□ 안에 알맞은 수를 써넣으세요.

❶ $5\times0.7=5\times\frac{\square}{10}=\frac{5\times\square}{10}=\frac{\square}{10}=\square.\square$

❷ $3\times0.4=3\times\frac{\square}{10}=\frac{3\times\square}{10}=\frac{\square}{10}=\square.\square$

❸ $2\times0.9=2\times\frac{\square}{10}=\frac{2\times\square}{10}=\frac{\square}{10}=\square.\square$

❹ $4\times0.8=4\times\frac{\square}{10}=\frac{4\times\square}{10}=\frac{\square}{10}=\square.\square$

❺ $9\times0.5=9\times\frac{\square}{10}=\frac{9\times\square}{10}=\frac{\square}{10}=\square.\square$

❻ $8\times0.3=8\times\frac{\square}{10}=\frac{8\times\square}{10}=\frac{\square}{10}=\square.\square$

❼ $6\times0.2=6\times\frac{\square}{10}=\frac{6\times\square}{10}=\frac{\square}{10}=\square.\square$

❽ $8\times0.6=8\times\frac{\square}{10}=\frac{8\times\square}{10}=\frac{\square}{10}=\square.\square$

정답 99쪽

공부한 날짜	맞힌 개수	걸린 시간
월 일	/29	분

곱셈을 하세요.

⑨ 3×0.5

⑩ 7×0.7

⑪ 2×0.2

⑫ 7×0.6

⑬ 8×0.7

⑭ 9×0.3

⑮ 6×0.4

⑯ 5×0.8

⑰ 2×0.4

⑱ 4×0.9

⑲ 6×0.6

⑳ 8×0.8

㉑ 5×0.3

㉒ 7×0.4

㉓ 4×0.3

㉔ 7×0.5

㉕ 5×0.6

㉖ 9×0.9

㉗ 9×0.2

㉘ 2×0.7

㉙ 3×0.2

09 (자연수)×(1보다 작은 소수)

2×0.6의 계산

$$\begin{array}{r} {}^{1}2 \\ \times\ 0.6 \\ \hline 2 \end{array} \Rightarrow \begin{array}{r} {}^{1}2 \\ \times\ 0.6 \\ \hline 1.2 \end{array}$$

① 2×6=12이므로 1을 일의 자리로 올림합니다.

② 올림한 1을 일의 자리로 내려 쓰고 소수점도 같은 자리에 내려 씁니다.

계산 결과에 **소수점**을 꼭 찍어 줘야 해!

곱셈을 하세요.

❶ $\begin{array}{r} 7 \\ \times 0.6 \\ \hline \end{array}$

❷ $\begin{array}{r} 3 \\ \times 0.2 \\ \hline \end{array}$

❸ $\begin{array}{r} 4 \\ \times 0.9 \\ \hline \end{array}$

❹ $\begin{array}{r} 8 \\ \times 0.4 \\ \hline \end{array}$

❺ $\begin{array}{r} 4 \\ \times 0.7 \\ \hline \end{array}$

❻ $\begin{array}{r} 9 \\ \times 0.8 \\ \hline \end{array}$

❼ $\begin{array}{r} 5 \\ \times 0.6 \\ \hline \end{array}$

❽ $\begin{array}{r} 8 \\ \times 0.9 \\ \hline \end{array}$

❾ $\begin{array}{r} 7 \\ \times 0.4 \\ \hline \end{array}$

❿ $\begin{array}{r} 5 \\ \times 0.3 \\ \hline \end{array}$

⓫ $\begin{array}{r} 5 \\ \times 0.8 \\ \hline \end{array}$

⓬ $\begin{array}{r} 8 \\ \times 0.5 \\ \hline \end{array}$

정답 100쪽

공부한 날짜	맞힌 개수	걸린 시간
월 일	/27	분

곱셈을 하세요.

⑬ $\begin{array}{r} 4 \\ \times 0.5 \\ \hline \end{array}$

⑭ $\begin{array}{r} 4 \\ \times 0.4 \\ \hline \end{array}$

⑮ $\begin{array}{r} 9 \\ \times 0.2 \\ \hline \end{array}$

⑯ $\begin{array}{r} 6 \\ \times 0.5 \\ \hline \end{array}$

⑰ $\begin{array}{r} 3 \\ \times 0.6 \\ \hline \end{array}$

⑱ $\begin{array}{r} 3 \\ \times 0.3 \\ \hline \end{array}$

⑲ $\begin{array}{r} 6 \\ \times 0.9 \\ \hline \end{array}$

⑳ $\begin{array}{r} 7 \\ \times 0.7 \\ \hline \end{array}$

㉑ $\begin{array}{r} 2 \\ \times 0.9 \\ \hline \end{array}$

㉒ $\begin{array}{r} 7 \\ \times 0.8 \\ \hline \end{array}$

㉓ $\begin{array}{r} 2 \\ \times 0.5 \\ \hline \end{array}$

㉔ $\begin{array}{r} 5 \\ \times 0.2 \\ \hline \end{array}$

㉕ $\begin{array}{r} 2 \\ \times 0.7 \\ \hline \end{array}$

㉖ $\begin{array}{r} 5 \\ \times 0.4 \\ \hline \end{array}$

㉗ $\begin{array}{r} 8 \\ \times 0.3 \\ \hline \end{array}$

10 (자연수)×(1보다 큰 소수)

3×2.7의 계산

$$\begin{array}{c} 3 \times 27 = 81 \\ \tfrac{1}{10}\text{배}\downarrow \quad \downarrow\tfrac{1}{10}\text{배} \\ 3 \times 2.7 = 8.1 \end{array}$$

➡ 3 × 2.7의 계산은 3 × 27의 계산 결과에 $\frac{1}{10}$배를 합니다.

원리 비법 곱하는 수가 $\frac{1}{10}$배가 되면 계산 결과도 $\frac{1}{10}$배가 돼!

□ 안에 알맞은 수를 써넣으세요.

❶ 5 × 39 = 195
$\frac{1}{10}$배↓ ↓$\frac{1}{10}$배
5 × □ = □

❷ 3 × 19 = 57
$\frac{1}{10}$배↓ ↓$\frac{1}{10}$배
3 × □ = □

❸ 2 × 38 = 76
$\frac{1}{10}$배↓ ↓$\frac{1}{10}$배
2 × □ = □

❹ 7 × 32 = 224
$\frac{1}{10}$배↓ ↓$\frac{1}{10}$배
7 × □ = □

❺ 4 × 26 = 104
$\frac{1}{10}$배↓ ↓$\frac{1}{10}$배
4 × □ = □

❻ 4 × 17 = 68
$\frac{1}{10}$배↓ ↓$\frac{1}{10}$배
4 × □ = □

❼ 5 × 14 = 70
$\frac{1}{10}$배↓ ↓$\frac{1}{10}$배
5 × □ = □

❽ 6 × 18 = 108
$\frac{1}{10}$배↓ ↓$\frac{1}{10}$배
6 × □ = □

정답 100쪽

공부한 날짜	맞힌 개수	걸린 시간
월 일	/29	분

곱셈을 하세요.

❾ 2×1.7

❿ 5×3.2

⓫ 3×2.5

⓬ 4×3.3

⓭ 8×1.9

⓮ 4×1.2

⓯ 9×1.4

⓰ 5×3.8

⓱ 3×1.4

⓲ 5×3.4

⓳ 4×1.5

⓴ 7×3.5

㉑ 8×3.6

㉒ 3×3.5

㉓ 2×2.2

㉔ 2×3.2

㉕ 5×1.9

㉖ 3×2.3

㉗ 4×2.4

㉘ 5×2.2

㉙ 8×1.6

11 (자연수)×(1보다 큰 소수) B

○ 3×2.7의 계산

$$3 \times 2.7 = 3 \times \frac{27}{10} = \frac{3 \times 27}{10} = \frac{81}{10} = 8.1$$

➡ 2.7을 $\frac{27}{10}$로 바꿔서 분수의 곱셈으로 계산합니다.

원리 비법 **소수를 분수로** 바꿔서 계산해!

□ 안에 알맞은 수를 써넣으세요.

❶ $8 \times 3.8 = 8 \times \frac{\square}{10} = \frac{8 \times \square}{10} = \frac{\square}{10} = \square\square.\square$

❷ $6 \times 1.9 = 6 \times \frac{\square}{10} = \frac{6 \times \square}{10} = \frac{\square}{10} = \square\square.\square$

❸ $2 \times 3.6 = 2 \times \frac{\square}{10} = \frac{2 \times \square}{10} = \frac{\square}{10} = \square.\square$

❹ $8 \times 2.3 = 8 \times \frac{\square}{10} = \frac{8 \times \square}{10} = \frac{\square}{10} = \square\square.\square$

❺ $3 \times 2.9 = 3 \times \frac{\square}{10} = \frac{3 \times \square}{10} = \frac{\square}{10} = \square.\square$

❻ $5 \times 2.9 = 5 \times \frac{\square}{10} = \frac{5 \times \square}{10} = \frac{\square}{10} = \square\square.\square$

❼ $7 \times 2.6 = 7 \times \frac{\square}{10} = \frac{7 \times \square}{10} = \frac{\square}{10} = \square\square.\square$

❽ $9 \times 1.8 = 9 \times \frac{\square}{10} = \frac{9 \times \square}{10} = \frac{\square}{10} = \square\square.\square$

정답 100쪽

공부한 날짜	맞힌 개수	걸린 시간
월 일	/29	분

곱셈을 하세요.

⑨ 9×2.9

⑩ 6×3.7

⑪ 3×1.3

⑫ 6×3.4

⑬ 6×1.6

⑭ 2×2.6

⑮ 7×3.6

⑯ 3×2.2

⑰ 3×1.2

⑱ 5×2.5

⑲ 9×1.9

⑳ 4×3.2

㉑ 9×3.5

㉒ 5×1.3

㉓ 5×1.7

㉔ 3×3.9

㉕ 8×3.3

㉖ 3×2.7

㉗ 5×3.3

㉘ 9×1.7

㉙ 7×3.4

12 (자연수)×(1보다 큰 소수)

○ 3×2.7의 계산

$$\begin{array}{r} {}^{2}\;\; \\ 3 \\ \times\ 2.7 \\ \hline 1 \end{array} \Rightarrow \begin{array}{r} {}^{2}\;\; \\ 3 \\ \times\ 2.7 \\ \hline 8.1 \end{array}$$

① 3 × 7 = 21이므로 2를 일의 자리로 올림합니다.
② 올림한 2와 3 × 2의 계산 결과를 더해 줍니다.
③ 소수점을 같은 위치에 내려 씁니다.

원리 비법 계산 결과에 **소수점**을 꼭 찍어 줘야 해!

곱셈을 하세요.

❶ $\begin{array}{r} 2 \\ \times 2.7 \\ \hline \end{array}$

❷ $\begin{array}{r} 7 \\ \times 1.9 \\ \hline \end{array}$

❸ $\begin{array}{r} 6 \\ \times 3.7 \\ \hline \end{array}$

❹ $\begin{array}{r} 6 \\ \times 3.2 \\ \hline \end{array}$

❺ $\begin{array}{r} 8 \\ \times 2.3 \\ \hline \end{array}$

❻ $\begin{array}{r} 7 \\ \times 2.5 \\ \hline \end{array}$

❼ $\begin{array}{r} 5 \\ \times 1.3 \\ \hline \end{array}$

❽ $\begin{array}{r} 4 \\ \times 3.5 \\ \hline \end{array}$

❾ $\begin{array}{r} 3 \\ \times 1.5 \\ \hline \end{array}$

❿ $\begin{array}{r} 6 \\ \times 2.9 \\ \hline \end{array}$

⓫ $\begin{array}{r} 7 \\ \times 3.9 \\ \hline \end{array}$

⓬ $\begin{array}{r} 4 \\ \times 1.7 \\ \hline \end{array}$

정답 100쪽

공부한 날짜	맞힌 개수	걸린 시간
월 일	/27	분

곱셈을 하세요.

⑬ 2×3.2

⑱ 3×3.9

㉓ 3×1.9

⑭ 8×3.3

⑲ 7×1.2

㉔ 9×2.4

⑮ 4×1.8

⑳ 4×2.5

㉕ 3×2.6

⑯ 7×2.2

㉑ 9×1.6

㉖ 5×3.8

⑰ 5×2.8

㉒ 8×1.4

㉗ 7×3.6

13 (1보다 작은 소수)×(1보다 작은 소수) A

0.3 × 0.8의 계산

$$3 \times 8 = 24$$

$\frac{1}{10}$배↓ $\frac{1}{10}$배↓ ↓$\frac{1}{100}$배

$$0.3 \times 0.8 = 0.24$$

➡ 0.3 × 0.8의 계산은 3 × 8의 계산 결과에 $\frac{1}{100}$배를 합니다.

원리 비법 $\frac{1}{10}$배와 $\frac{1}{10}$배를 곱하면 $\frac{1}{100}$**배**가 돼!

□ 안에 알맞은 수를 써넣으세요.

1. 3 × 9 = 27
   $\frac{1}{10}$배↓ $\frac{1}{10}$배↓ ↓$\frac{1}{100}$배
   □ × □ = □

2. 1 × 5 = 5
   $\frac{1}{10}$배↓ $\frac{1}{10}$배↓ ↓$\frac{1}{100}$배
   □ × □ = □

3. 2 × 3 = 6
   $\frac{1}{10}$배↓ $\frac{1}{10}$배↓ ↓$\frac{1}{100}$배
   □ × □ = □

4. 5 × 3 = 15
   $\frac{1}{10}$배↓ $\frac{1}{10}$배↓ ↓$\frac{1}{100}$배
   □ × □ = □

5. 8 × 8 = 64
   $\frac{1}{10}$배↓ $\frac{1}{10}$배↓ ↓$\frac{1}{100}$배
   □ × □ = □

6. 4 × 8 = 32
   $\frac{1}{10}$배↓ $\frac{1}{10}$배↓ ↓$\frac{1}{100}$배
   □ × □ = □

7. 7 × 8 = 56
   $\frac{1}{10}$배↓ $\frac{1}{10}$배↓ ↓$\frac{1}{100}$배
   □ × □ = □

8. 6 × 7 = 42
   $\frac{1}{10}$배↓ $\frac{1}{10}$배↓ ↓$\frac{1}{100}$배
   □ × □ = □

정답 101쪽

공부한 날짜	맞힌 개수	걸린 시간
월 일	/29	분

곱셈을 하세요.

❾ 0.7×0.2

❿ 0.3×0.4

⓫ 0.9×0.9

⓬ 0.5×0.9

⓭ 0.6×0.4

⓮ 0.9×0.6

⓯ 0.2×0.8

⓰ 0.4×0.2

⓱ 0.8×0.6

⓲ 0.6×0.3

⓳ 0.8×0.2

⓴ 0.1×0.9

㉑ 0.7×0.7

㉒ 0.8×0.5

㉓ 0.9×0.3

㉔ 0.1×0.2

㉕ 0.2×0.6

㉖ 0.4×0.6

㉗ 0.7×0.4

㉘ 0.6×0.6

㉙ 0.9×0.7

14 (1보다 작은 소수)×(1보다 작은 소수) B

0.3×0.8의 계산

$$0.3 \times 0.8 = \frac{3}{10} \times \frac{8}{10} = \frac{24}{100} = 0.24$$

→ 0.3은 $\frac{3}{10}$, 0.8은 $\frac{8}{10}$로 바꿔서 분수의 곱셈으로 계산합니다.

원리 비법 소수를 분수로 바꿔서 계산해!

◈ □ 안에 알맞은 수를 써넣으세요.

❶ $0.6 \times 0.8 = \frac{\square}{10} \times \frac{\square}{10} = \frac{\square}{100} = \square.\square\square$

❷ $0.7 \times 0.5 = \frac{\square}{10} \times \frac{\square}{10} = \frac{\square}{100} = \square.\square\square$

❸ $0.6 \times 0.3 = \frac{\square}{10} \times \frac{\square}{10} = \frac{\square}{100} = \square.\square\square$

❹ $0.1 \times 0.4 = \frac{\square}{10} \times \frac{\square}{10} = \frac{\square}{100} = \square.\square\square$

❺ $0.2 \times 0.7 = \frac{\square}{10} \times \frac{\square}{10} = \frac{\square}{100} = \square.\square\square$

❻ $0.4 \times 0.3 = \frac{\square}{10} \times \frac{\square}{10} = \frac{\square}{100} = \square.\square\square$

❼ $0.9 \times 0.9 = \frac{\square}{10} \times \frac{\square}{10} = \frac{\square}{100} = \square.\square\square$

❽ $0.3 \times 0.8 = \frac{\square}{10} \times \frac{\square}{10} = \frac{\square}{100} = \square.\square\square$

정답 101쪽

공부한 날짜	맞힌 개수	걸린 시간
월 일	/29	분

곱셈을 하세요.

⑨ 0.2×0.9

⑩ 0.7×0.7

⑪ 0.1×0.3

⑫ 0.3×0.6

⑬ 0.8×0.4

⑭ 0.9×0.7

⑮ 0.2×0.7

⑯ 0.6×0.2

⑰ 0.5×0.3

⑱ 0.7×0.8

⑲ 0.4×0.6

⑳ 0.1×0.9

㉑ 0.5×0.5

㉒ 0.7×0.2

㉓ 0.4×0.3

㉔ 0.1×0.6

㉕ 0.3×0.3

㉖ 0.8×0.9

㉗ 0.6×0.8

㉘ 0.2×0.3

㉙ 0.4×0.8

15 (1보다 작은 소수)×(1보다 작은 소수) C

0.3×0.8의 계산

$$\begin{array}{r} 0.3 \\ \times\ 0.8 \\ \hline \end{array} \Rightarrow \begin{array}{r} 0.3 \\ \times\ 0.8 \\ \hline 0.24 \end{array}$$

자연수의 곱을 계산한 후 곱의 소수점은 곱하는 두 소수의 소수점 아래 자릿수의 합과 같습니다.

소숫점의 자리에 주의해야 해!

곱셈을 하세요.

❶ $\begin{array}{r} 0.5 \\ \times 0.2 \\ \hline \end{array}$

❷ $\begin{array}{r} 0.1 \\ \times 0.4 \\ \hline \end{array}$

❸ $\begin{array}{r} 0.9 \\ \times 0.8 \\ \hline \end{array}$

❹ $\begin{array}{r} 0.4 \\ \times 0.4 \\ \hline \end{array}$

❺ $\begin{array}{r} 0.8 \\ \times 0.9 \\ \hline \end{array}$

❻ $\begin{array}{r} 0.4 \\ \times 0.5 \\ \hline \end{array}$

❼ $\begin{array}{r} 0.6 \\ \times 0.1 \\ \hline \end{array}$

❽ $\begin{array}{r} 0.2 \\ \times 0.3 \\ \hline \end{array}$

❾ $\begin{array}{r} 0.3 \\ \times 0.5 \\ \hline \end{array}$

❿ $\begin{array}{r} 0.2 \\ \times 0.5 \\ \hline \end{array}$

⓫ $\begin{array}{r} 0.6 \\ \times 0.4 \\ \hline \end{array}$

⓬ $\begin{array}{r} 0.7 \\ \times 0.4 \\ \hline \end{array}$

정답 101쪽

공부한 날짜	맞힌 개수	걸린 시간
월 일	/27	분

곱셈을 하세요.

⑬ $\begin{array}{r} 0.9 \\ \times 0.3 \\ \hline \end{array}$

⑱ $\begin{array}{r} 0.1 \\ \times 0.8 \\ \hline \end{array}$

㉓ $\begin{array}{r} 0.6 \\ \times 0.5 \\ \hline \end{array}$

⑭ $\begin{array}{r} 0.7 \\ \times 0.6 \\ \hline \end{array}$

⑲ $\begin{array}{r} 0.9 \\ \times 0.5 \\ \hline \end{array}$

㉔ $\begin{array}{r} 0.4 \\ \times 0.6 \\ \hline \end{array}$

⑮ $\begin{array}{r} 0.5 \\ \times 0.6 \\ \hline \end{array}$

⑳ $\begin{array}{r} 0.7 \\ \times 0.8 \\ \hline \end{array}$

㉕ $\begin{array}{r} 0.5 \\ \times 0.8 \\ \hline \end{array}$

⑯ $\begin{array}{r} 0.2 \\ \times 0.8 \\ \hline \end{array}$

㉑ $\begin{array}{r} 0.3 \\ \times 0.3 \\ \hline \end{array}$

㉖ $\begin{array}{r} 0.6 \\ \times 0.8 \\ \hline \end{array}$

⑰ $\begin{array}{r} 0.8 \\ \times 0.3 \\ \hline \end{array}$

㉒ $\begin{array}{r} 0.8 \\ \times 0.8 \\ \hline \end{array}$

㉗ $\begin{array}{r} 0.3 \\ \times 0.9 \\ \hline \end{array}$

16 (1보다 큰 소수)×(1보다 큰 소수) A

○1.5×1.1의 계산

$$\begin{array}{ccccc} 15 & \times & 11 & = & 165 \\ \downarrow \frac{1}{10}\text{배} & & \downarrow \frac{1}{10}\text{배} & & \downarrow \frac{1}{100}\text{배} \\ 1.5 & \times & 1.1 & = & 1.65 \end{array}$$

➡ 1.5 × 1.1의 계산은 15 × 11의 계산 결과에 $\frac{1}{100}$배를 합니다.

원리 비법 $\frac{1}{10}$배와 $\frac{1}{10}$배를 곱하면 $\frac{1}{100}$**배**가 돼!

◆ □ 안에 알맞은 수를 써넣으세요.

❶ 11 × 27 = 297
$\frac{1}{10}$배↓ $\frac{1}{10}$배↓ ↓$\frac{1}{100}$배
□ × □ = □

❷ 11 × 18 = 198
$\frac{1}{10}$배↓ $\frac{1}{10}$배↓ ↓$\frac{1}{100}$배
□ × □ = □

❸ 11 × 35 = 385
$\frac{1}{10}$배↓ $\frac{1}{10}$배↓ ↓$\frac{1}{100}$배
□ × □ = □

❹ 14 × 37 = 518
$\frac{1}{10}$배↓ $\frac{1}{10}$배↓ ↓$\frac{1}{100}$배
□ × □ = □

❺ 17 × 17 = 289
$\frac{1}{10}$배↓ $\frac{1}{10}$배↓ ↓$\frac{1}{100}$배
□ × □ = □

❻ 14 × 19 = 266
$\frac{1}{10}$배↓ $\frac{1}{10}$배↓ ↓$\frac{1}{100}$배
□ × □ = □

❼ 12 × 17 = 204
$\frac{1}{10}$배↓ $\frac{1}{10}$배↓ ↓$\frac{1}{100}$배
□ × □ = □

❽ 13 × 23 = 299
$\frac{1}{10}$배↓ $\frac{1}{10}$배↓ ↓$\frac{1}{100}$배
□ × □ = □

정답 101쪽

공부한 날짜	맞힌 개수	걸린 시간
월 일	/29	분

곱셈을 하세요.

⑨ 1.2×2.6

⑩ 1.5×1.6

⑪ 1.5×2.6

⑫ 1.3×3.4

⑬ 1.8×3.7

⑭ 1.4×1.5

⑮ 1.8×3.3

⑯ 1.6×2.5

⑰ 1.9×2.6

⑱ 1.5×3.5

⑲ 1.3×1.5

⑳ 1.9×3.3

㉑ 1.7×2.7

㉒ 1.8×1.7

㉓ 1.7×1.2

㉔ 1.6×3.4

㉕ 1.1×1.4

㉖ 1.7×3.5

㉗ 1.6×1.8

㉘ 1.8×2.8

㉙ 1.2×3.3

17 (1보다 큰 소수)×(1보다 큰 소수) B

○ 1.5×1.1의 계산

$$1.5\times1.1=\frac{15}{10}\times\frac{11}{10}=\frac{165}{100}=1.65$$

➡ 1.5는 $\frac{15}{10}$, 1.1은 $\frac{11}{10}$로 바꿔서 분수의 곱셈으로 계산합니다.

소수를 분수로 바꿔서 계산해!

□ 안에 알맞은 수를 써넣으세요.

❶ $1.8\times1.8=\frac{\square}{10}\times\frac{\square}{10}=\frac{\square}{100}=\square.\square\square$

❷ $1.2\times2.6=\frac{\square}{10}\times\frac{\square}{10}=\frac{\square}{100}=\square.\square\square$

❸ $1.5\times1.9=\frac{\square}{10}\times\frac{\square}{10}=\frac{\square}{100}=\square.\square\square$

❹ $1.1\times3.4=\frac{\square}{10}\times\frac{\square}{10}=\frac{\square}{100}=\square.\square\square$

❺ $1.1\times1.6=\frac{\square}{10}\times\frac{\square}{10}=\frac{\square}{100}=\square.\square\square$

❻ $1.9\times1.2=\frac{\square}{10}\times\frac{\square}{10}=\frac{\square}{100}=\square.\square\square$

❼ $1.5\times2.5=\frac{\square}{10}\times\frac{\square}{10}=\frac{\square}{100}=\square.\square\square$

❽ $1.5\times3.3=\frac{\square}{10}\times\frac{\square}{10}=\frac{\square}{100}=\square.\square\square$

정답 102쪽

공부한 날짜	맞힌 개수	걸린 시간
월 일	/29	분

곱셈을 하세요.

9. 1.1×2.4
10. 1.7×2.3
11. 1.3×1.4
12. 1.5×1.4
13. 1.1×3.3
14. 1.7×1.4
15. 1.8×3.9
16. 1.9×2.8
17. 1.4×3.2
18. 1.9×1.8
19. 1.4×2.5
20. 1.9×3.8
21. 1.8×2.6
22. 1.5×3.4
23. 1.1×1.1
24. 1.6×1.5
25. 1.6×3.8
26. 1.7×3.8
27. 1.2×1.6
28. 1.6×2.8
29. 1.8×1.2

18 (1보다 큰 소수)×(1보다 큰 소수) C

1.5 × 1.1의 계산

$$\begin{array}{r} 1.5 \\ \times\ 1.1 \\ \hline \end{array} \Rightarrow \begin{array}{r} 1.5 \\ \times\ 1.1 \\ \hline 1.65 \end{array}$$

① 1.5 × 0.1을 계산합니다.
② 1.5 × 1을 계산합니다.

소숫점의 자리에 주의해야 해!

곱셈을 하세요.

❶ $\begin{array}{r} 1.2 \\ \times 2.9 \\ \hline \end{array}$

❺ $\begin{array}{r} 1.2 \\ \times 3.5 \\ \hline \end{array}$

❾ $\begin{array}{r} 1.7 \\ \times 1.6 \\ \hline \end{array}$

❷ $\begin{array}{r} 1.1 \\ \times 1.7 \\ \hline \end{array}$

❻ $\begin{array}{r} 1.7 \\ \times 2.8 \\ \hline \end{array}$

❿ $\begin{array}{r} 1.9 \\ \times 1.9 \\ \hline \end{array}$

❸ $\begin{array}{r} 1.6 \\ \times 3.7 \\ \hline \end{array}$

❼ $\begin{array}{r} 1.3 \\ \times 1.7 \\ \hline \end{array}$

⓫ $\begin{array}{r} 1.4 \\ \times 3.3 \\ \hline \end{array}$

❹ $\begin{array}{r} 1.9 \\ \times 2.4 \\ \hline \end{array}$

❽ $\begin{array}{r} 1.5 \\ \times 2.7 \\ \hline \end{array}$

⓬ $\begin{array}{r} 1.5 \\ \times 1.9 \\ \hline \end{array}$

정답 102쪽

공부한 날짜	맞힌 개수	걸린 시간
월 일	/27	분

곱셈을 하세요.

⑬ $\begin{array}{r} 1.6 \\ \times 1.9 \\ \hline \end{array}$

⑱ $\begin{array}{r} 1.4 \\ \times 2.7 \\ \hline \end{array}$

㉓ $\begin{array}{r} 1.5 \\ \times 3.1 \\ \hline \end{array}$

⑭ $\begin{array}{r} 1.6 \\ \times 2.6 \\ \hline \end{array}$

⑲ $\begin{array}{r} 1.1 \\ \times 3.6 \\ \hline \end{array}$

㉔ $\begin{array}{r} 1.4 \\ \times 1.7 \\ \hline \end{array}$

⑮ $\begin{array}{r} 1.3 \\ \times 3.5 \\ \hline \end{array}$

⑳ $\begin{array}{r} 1.2 \\ \times 1.2 \\ \hline \end{array}$

㉕ $\begin{array}{r} 1.3 \\ \times 2.4 \\ \hline \end{array}$

⑯ $\begin{array}{r} 1.8 \\ \times 1.9 \\ \hline \end{array}$

㉑ $\begin{array}{r} 1.8 \\ \times 2.2 \\ \hline \end{array}$

㉖ $\begin{array}{r} 1.1 \\ \times 2.5 \\ \hline \end{array}$

⑰ $\begin{array}{r} 1.7 \\ \times 3.4 \\ \hline \end{array}$

㉒ $\begin{array}{r} 1.9 \\ \times 3.4 \\ \hline \end{array}$

㉗ $\begin{array}{r} 1.8 \\ \times 3.1 \\ \hline \end{array}$

19 곱의 소수점의 위치

○ 3.17에 1, 10, 100, 1000을 곱하기

$3.17 \times 1 = 3.17$
$3.17 \times 10 = 31.7$
$3.17 \times 100 = 317$
$3.17 \times 1000 = 3170$

곱하는 수가 10배씩 커질 때마다 곱의 소수점이 오른쪽으로 한 칸씩 옮겨집니다.

원리 비법 곱하는 수가 10배씩 늘어나면 계산 결과도 **10배씩** 늘어나!

□ 안에 알맞은 수를 써넣으세요.

1

$5.51 \times 1 = 5.51$
$5.51 \times 10 = \square$
$5.51 \times 100 = \square$
$5.51 \times 1000 = \square$

2

$2.59 \times 1 = 2.59$
$2.59 \times 10 = \square$
$2.59 \times 100 = \square$
$2.59 \times 1000 = \square$

3

$1.48 \times 1 = 1.48$
$1.48 \times 10 = \square$
$1.48 \times 100 = \square$
$1.48 \times 1000 = \square$

4

$1.59 \times 1 = 1.59$
$1.59 \times 10 = \square$
$1.59 \times 100 = \square$
$1.59 \times 1000 = \square$

5

$2.37 \times 1 = 2.37$
$2.37 \times 10 = \square$
$2.37 \times 100 = \square$
$2.37 \times 1000 = \square$

6

$3.06 \times 1 = 3.06$
$3.06 \times 10 = \square$
$3.06 \times 100 = \square$
$3.06 \times 1000 = \square$

정답 102쪽

공부한 날짜	맞힌 개수	걸린 시간
월 일	/14	분

□ 안에 알맞은 수를 써넣으세요.

7
$3.84 \times 1 = 3.84$
$3.84 \times 10 = \square$
$3.84 \times 100 = \square$
$3.84 \times 1000 = \square$

8
$1.93 \times 1 = 1.93$
$1.93 \times 10 = \square$
$1.93 \times 100 = \square$
$1.93 \times 1000 = \square$

9
$2.72 \times 1 = 2.72$
$2.72 \times 10 = \square$
$2.72 \times 100 = \square$
$2.72 \times 1000 = \square$

10
$2.94 \times 1 = 2.94$
$2.94 \times 10 = \square$
$2.94 \times 100 = \square$
$2.94 \times 1000 = \square$

11
$3.39 \times 1 = 3.39$
$3.39 \times 10 = \square$
$3.39 \times 100 = \square$
$3.39 \times 1000 = \square$

12
$3.62 \times 1 = 3.62$
$3.62 \times 10 = \square$
$3.62 \times 100 = \square$
$3.62 \times 1000 = \square$

13
$1.37 \times 1 = 1.37$
$1.37 \times 10 = \square$
$1.37 \times 100 = \square$
$1.37 \times 1000 = \square$

14
$2.16 \times 1 = 2.16$
$2.16 \times 10 = \square$
$2.16 \times 100 = \square$
$2.16 \times 1000 = \square$

20 곱의 소수점의 위치 B

○ 3170에 1, 0.1, 0.01, 0.001을 곱하기

$3170 \times 1 = 3170$
$3170 \times 0.1 = 317$
$3170 \times 0.01 = 31.7$
$3170 \times 0.001 = 3.17$

곱하는 소수의 소수점 아래 자릿수가 하나씩 늘어날 때마다 곱의 소수점이 왼쪽으로 한 칸씩 옮겨집니다.

원리 비법 곱하는 수가 0.1배씩 늘어나면 계산 결과도 **0.1배씩** 변해!

□ 안에 알맞은 수를 써넣으세요.

1.
$2270 \times 1 = 2270$
$2270 \times 0.1 = \square$
$2270 \times 0.01 = \square$
$2270 \times 0.001 = \square$

2.
$1510 \times 1 = 1510$
$1510 \times 0.1 = \square$
$1510 \times 0.01 = \square$
$1510 \times 0.001 = \square$

3.
$3480 \times 1 = 3480$
$3480 \times 0.1 = \square$
$3480 \times 0.01 = \square$
$3480 \times 0.001 = \square$

4.
$2050 \times 1 = 2050$
$2050 \times 0.1 = \square$
$2050 \times 0.01 = \square$
$2050 \times 0.001 = \square$

5.
$1840 \times 1 = 1840$
$1840 \times 0.1 = \square$
$1840 \times 0.01 = \square$
$1840 \times 0.001 = \square$

6.
$3820 \times 1 = 3820$
$3820 \times 0.1 = \square$
$3820 \times 0.01 = \square$
$3820 \times 0.001 = \square$

정답 102쪽

공부한 날짜	맞힌 개수	걸린 시간
월 일	/14	분

□ 안에 알맞은 수를 써넣으세요.

7

$1280 \times 1 = 1280$

$1280 \times 0.1 = \square$

$1280 \times 0.01 = \square$

$1280 \times 0.001 = \square$

8

$3940 \times 1 = 3940$

$3940 \times 0.1 = \square$

$3940 \times 0.01 = \square$

$3940 \times 0.001 = \square$

9

$3260 \times 1 = 3260$

$3260 \times 0.1 = \square$

$3260 \times 0.01 = \square$

$3260 \times 0.001 = \square$

10

$1160 \times 1 = 1160$

$1160 \times 0.1 = \square$

$1160 \times 0.01 = \square$

$1160 \times 0.001 = \square$

11

$2160 \times 1 = 2160$

$2160 \times 0.1 = \square$

$2160 \times 0.01 = \square$

$2160 \times 0.001 = \square$

12

$1620 \times 1 = 1620$

$1620 \times 0.1 = \square$

$1620 \times 0.01 = \square$

$1620 \times 0.001 = \square$

13

$2730 \times 1 = 2730$

$2730 \times 0.1 = \square$

$2730 \times 0.01 = \square$

$2730 \times 0.001 = \square$

14

$2950 \times 1 = 2950$

$2950 \times 0.1 = \square$

$2950 \times 0.01 = \square$

$2950 \times 0.001 = \square$

01 평균 구하기

표의 평균 구하기

학급(반)	(가)	(나)	(다)
학생 수(명)	20	26	17

(한 학급당 평균 학생 수)=(전체 학생 수)÷(학급 수)

=(20+26+17)÷3=21(명)

자료의 값을 모두 더해 자료의 수로 나눈 값을 평균이라고 합니다.

평균은 각 자료의 값의 차이를 없애고 고르게 한 값이야!

□ 안에 알맞은 수를 써넣으세요.

1

학급(반)	(나)	(다)	(라)
학생 수(명)	47	31	15

(전체 학생 수)=□명

(학급 수)=□반

➡ (평균 학생 수)=□÷□

=□(명)

2

학급(반)	(나)	(다)	(라)
학생 수(명)	15	37	32

(전체 학생 수)=□명

(학급 수)=□반

➡ (평균 학생 수)=□÷□

=□(명)

3

학급(반)	(나)	(다)	(라)
학생 수(명)	35	29	23

(전체 학생 수)=□명

(학급 수)=□반

➡ (평균 학생 수)=□÷□

=□(명)

4

학급(반)	(나)	(다)	(라)
학생 수(명)	21	25	17

(전체 학생 수)=□명

(학급 수)=□반

➡ (평균 학생 수)=□÷□

=□(명)

정답 103쪽

공부한 날짜	맞힌 개수	걸린 시간
월 일	/14	분

주어진 표의 평균을 구하세요.

5

학급(반)	(나)	(다)	(라)
학생 수(명)	17	23	35

평균: ______ 명

6

학급(반)	(나)	(다)	(라)
학생 수(명)	23	49	21

평균: ______ 명

7

학급(반)	(나)	(다)	(라)
학생 수(명)	25	39	11

평균: ______ 명

8

학급(반)	(나)	(다)	(라)
학생 수(명)	10	12	47

평균: ______ 명

9

학급(반)	(나)	(다)	(라)
학생 수(명)	18	11	46

평균: ______ 명

10

학급(반)	(나)	(다)	(라)
학생 수(명)	17	21	49

평균: ______ 명

11

학급(반)	(나)	(다)	(라)
학생 수(명)	33	26	25

평균: ______ 명

12

학급(반)	(나)	(다)	(라)
학생 수(명)	23	17	35

평균: ______ 명

13

학급(반)	(나)	(다)	(라)
학생 수(명)	52	11	30

평균: ______ 명

14

학급(반)	(나)	(다)	(라)
학생 수(명)	13	44	27

평균: ______ 명

02 평균 구하기

B

주어진 수의 평균 구하기

17 44 5

(수의 평균)=(전체 수의 합) ÷ (수의 개수)

=(17+44+5) ÷ 3=22

평균을 구할 때 나누는 값은 **자료의 개수**야!

□ 안에 알맞은 수를 써넣으세요.

1 27 25 20

(전체 수의 합)=□

(수의 개수)=□

(수의 평균)=□ ÷ □=□

2 17 48 31

(전체 수의 합)=□

(수의 개수)=□

(수의 평균)=□ ÷ □=□

3 32 37 15

(전체 수의 합)=□

(수의 개수)=□

(수의 평균)=□ ÷ □=□

4 44 27 13

(전체 수의 합)=□

(수의 개수)=□

(수의 평균)=□ ÷ □=□

5 19 30 26

(전체 수의 합)=□

(수의 개수)=□

(수의 평균)=□ ÷ □=□

6 35 17 23

(전체 수의 합)=□

(수의 개수)=□

(수의 평균)=□ ÷ □=□

정답 103쪽

공부한 날짜	맞힌 개수	걸린 시간
월 일	/18	분

주어진 수의 평균을 구하세요.

⑦ 11 39 25

➡ 평균 : ______

⑬ 19 18 17

➡ 평균: ______

⑧ 30 11 52

➡ 평균: ______

⑭ 22 28 16

➡ 평균: ______

⑨ 49 21 17

➡ 평균: ______

⑮ 25 44 12

➡ 평균: ______

⑩ 47 12 10

➡ 평균: ______

⑯ 17 34 30

➡ 평균: ______

⑪ 19 44 30

➡ 평균: ______

⑰ 35 23 17

➡ 평균: ______

⑫ 23 29 35

➡ 평균: ______

⑱ 16 22 31

➡ 평균: ______

참 잘했어요!

이름 ____________________

위 어린이는 쌍둥이 연산 노트 5학년 2학기 과정을

스스로 꾸준히 훌륭하게 마쳤습니다.

이에 칭찬하여 이 상장을 드립니다.

년　　　월　　　일

정답

초등 10단계

5·2 예습책

6쪽 01 올림 A

① 4, 0	⑥ 8, 0	⑪ 3, 0
② 8, 0	⑦ 5, 0	⑫ 8, 0
③ 7, 0	⑧ 3, 0	⑬ 6, 0
④ 6, 0	⑨ 6, 0	⑭ 4, 0
⑤ 7, 0	⑩ 1, 0	⑮ 4, 0

7쪽

⑯ 280	㉓ 630	㉚ 350
⑰ 190	㉔ 560	㉛ 300
⑱ 360	㉕ 800	㉜ 160
⑲ 870	㉖ 430	㉝ 900
⑳ 650	㉗ 420	㉞ 890
㉑ 570	㉘ 780	㉟ 460
㉒ 530	㉙ 240	㊱ 770

8쪽 02 올림 B

① 3, 0, 0	⑥ 8, 0, 0	⑪ 5, 0, 0
② 6, 0, 0	⑦ 4, 0, 0	⑫ 6, 0, 0
③ 2, 0, 0	⑧ 9, 0, 0	⑬ 2, 0, 0
④ 5, 0, 0	⑨ 8, 0, 0	⑭ 3, 0, 0
⑤ 7, 0, 0	⑩ 9, 0, 0	⑮ 4, 0, 0

9쪽

⑯ 300	㉓ 600	㉚ 400
⑰ 700	㉔ 300	㉛ 900
⑱ 500	㉕ 900	㉜ 600
⑲ 200	㉖ 700	㉝ 200
⑳ 800	㉗ 500	㉞ 800
㉑ 400	㉘ 800	㉟ 400
㉒ 600	㉙ 200	㊱ 900

10쪽 03 버림 A

① 1, 0	⑥ 3, 0	⑪ 1, 0
② 8, 0	⑦ 9, 0	⑫ 5, 0
③ 6, 0	⑧ 7, 0	⑬ 5, 0
④ 8, 0	⑨ 9, 0	⑭ 2, 0
⑤ 9, 0	⑩ 3, 0	⑮ 8, 0

11쪽

⑯ 550	㉓ 770	㉚ 430
⑰ 230	㉔ 660	㉛ 260
⑱ 520	㉕ 380	㉜ 860
⑲ 270	㉖ 660	㉝ 110
⑳ 350	㉗ 840	㉞ 280
㉑ 470	㉘ 180	㉟ 740
㉒ 680	㉙ 720	㊱ 590

12쪽 04 버림 B

① 4, 0, 0	⑥ 2, 0, 0	⑪ 1, 0, 0
② 6, 0, 0	⑦ 3, 0, 0	⑫ 5, 0, 0
③ 7, 0, 0	⑧ 8, 0, 0	⑬ 3, 0, 0
④ 2, 0, 0	⑨ 7, 0, 0	⑭ 6, 0, 0
⑤ 8, 0, 0	⑩ 1, 0, 0	⑮ 5, 0, 0

13쪽

⑯ 600	㉓ 200	㉚ 700
⑰ 300	㉔ 400	㉛ 100
⑱ 100	㉕ 500	㉜ 400
⑲ 700	㉖ 600	㉝ 800
⑳ 800	㉗ 300	㉞ 700
㉑ 600	㉘ 800	㉟ 100
㉒ 200	㉙ 500	㊱ 300

14쪽 05 반올림 A

❶ 7, 0
❷ 2, 0
❸ 6, 0
❹ 1, 0
❺ 8, 0
❻ 5, 0
❼ 7, 0
❽ 7, 0
❾ 9, 0
❿ 5, 0
⓫ 5, 0
⓬ 9, 0
⓭ 3, 0
⓮ 8, 0
⓯ 6, 0

15쪽

⓰ 670
⓱ 460
⓲ 120
⓳ 350
⓴ 890
㉑ 530
㉒ 780
㉓ 290
㉔ 510
㉕ 720
㉖ 820
㉗ 700
㉘ 610
㉙ 230
㉚ 430
㉛ 140
㉜ 310
㉝ 760
㉞ 290
㉟ 490
㊱ 880

16쪽 06 반올림 B

❶ 3, 0, 0
❷ 5, 0, 0
❸ 9, 0, 0
❹ 7, 0, 0
❺ 1, 0, 0
❻ 6, 0, 0
❼ 4, 0, 0
❽ 7, 0, 0
❾ 3, 0, 0
❿ 8, 0, 0
⓫ 5, 0, 0
⓬ 9, 0, 0
⓭ 7, 0, 0
⓮ 1, 0, 0
⓯ 8, 0, 0
⓰ 4, 0, 0
⓱ 4, 0, 0
⓲ 2, 0, 0

17쪽

⓳ 400
⓴ 100
㉑ 500
㉒ 800
㉓ 400
㉔ 600
㉕ 300
㉖ 400
㉗ 900
㉘ 700
㉙ 300
㉚ 200
㉛ 900
㉜ 800
㉝ 200
㉞ 500
㉟ 800
㊱ 600
㊲ 500
㊳ 400
㊴ 700

18쪽 01 (진분수)×(자연수) A

❶ 25, 25, 5, 1, 2
❷ 16, 80, 20, 6, 2
❸ 16, 16, 8, 2, 2
❹ 26, 78, 39, 9, 3
❺ 18, 18, 9, 4, 1
❻ 14, 154, 77, 12, 5

19쪽

❼ 20
❽ $1\frac{2}{5}$
❾ 8
❿ 6
⓫ $9\frac{4}{5}$
⓬ 12
⓭ $12\frac{4}{7}$
⓮ 18
⓯ 5
⓰ $3\frac{3}{7}$
⓱ 20
⓲ 21
⓳ 8
⓴ $5\frac{5}{6}$
㉑ 12
㉒ 20
㉓ 3
㉔ 3

20쪽 02 (진분수)×(자연수) B

❶ 18, 81, 16, 1
❷ 25, 70, 23, 1
❸ 12, 3, 1, 1
❹ 8, 12, 1, 5
❺ 16, 20, 6, 2
❻ 40, 16, 5, 1

21쪽

❼ $5\frac{1}{3}$
❽ 4
❾ 3
❿ $5\frac{2}{5}$
⓫ $8\frac{1}{3}$
⓬ 8
⓭ 3
⓮ 4
⓯ $18\frac{1}{3}$
⓰ 12
⓱ 2
⓲ 16
⓳ $3\frac{1}{2}$
⓴ $\frac{1}{2}$
㉑ 3
㉒ $18\frac{1}{3}$
㉓ 9
㉔ $2\frac{4}{7}$

22쪽 03 (대분수)×(자연수) A

❶ 6, 6, 24, 4, 4
❷ 5, 5, 15, 7, 1
❸ 11, 11, 33, 8, 1
❹ 7, 7, 21, 4, 1
❺ 13, 13, 65, 10, 5
❻ 11, 11, 77, 19, 1

23쪽

❼ $8\frac{2}{5}$
❽ $2\frac{1}{2}$
❾ $4\frac{2}{3}$
❿ $7\frac{5}{7}$
⓫ $15\frac{2}{5}$
⓬ $7\frac{5}{7}$
⓭ $8\frac{1}{2}$
⓮ $10\frac{2}{7}$
⓯ $4\frac{4}{7}$
⓰ $17\frac{1}{2}$
⓱ $12\frac{1}{7}$
⓲ $2\frac{3}{4}$
⓳ $11\frac{2}{3}$
⓴ $3\frac{1}{5}$
㉑ 7
㉒ $8\frac{4}{7}$
㉓ $8\frac{2}{5}$
㉔ $13\frac{1}{3}$

24쪽 04 (대분수)×(자연수) B

❶ 2, 2, 2, 2, 2, 2
❷ 3, 3, 6, 4, 7, 1
❸ 4, 4, 4, 8, 6, 2
❹ 4, 4, 4, 28, 7, 1
❺ 2, 2, 2, 16, 3, 7
❻ 2, 2, 2, 10, 3, 1
❼ 5, 5, 10, 10, 13, 1
❽ 4, 4, 4, 8, 4, 8

25쪽

❾ $7\frac{7}{8}$
❿ $12\frac{7}{9}$
⓫ $6\frac{2}{3}$
⓬ $6\frac{6}{7}$
⓭ $3\frac{1}{3}$
⓮ $16\frac{1}{3}$
⓯ $5\frac{1}{2}$
⓰ $4\frac{4}{9}$
⓱ $12\frac{6}{7}$
⓲ $20\frac{2}{9}$
⓳ $7\frac{2}{7}$
⓴ $9\frac{3}{4}$
㉑ $7\frac{2}{3}$
㉒ $7\frac{3}{7}$
㉓ $17\frac{1}{9}$
㉔ $2\frac{4}{7}$
㉕ $4\frac{1}{2}$
㉖ $3\frac{5}{9}$

26쪽 05 (자연수)×(진분수) A

❶ 5, 3, 2, $\frac{15}{2}$, $7\frac{1}{2}$
❷ 2, 4, 3, $\frac{8}{3}$, $2\frac{2}{3}$
❸ 5, 4, 3, $\frac{20}{3}$, $6\frac{2}{3}$
❹ 9, 3, 7, $\frac{27}{7}$, $3\frac{6}{7}$
❺ 3, 3, 2, $\frac{9}{2}$, $4\frac{1}{2}$
❻ 6, 3, 5, $\frac{18}{5}$, $3\frac{3}{5}$

27쪽

❼ $14\frac{2}{3}$
❽ 28
❾ $1\frac{2}{5}$
❿ $\frac{1}{2}$
⓫ $1\frac{1}{5}$
⓬ 16
⓭ $16\frac{5}{7}$
⓮ 5
⓯ $1\frac{3}{5}$
⓰ 8
⓱ 6
⓲ 16
⓳ 10
⓴ 18
㉑ $\frac{2}{3}$
㉒ 20
㉓ $3\frac{1}{2}$
㉔ $17\frac{1}{3}$

28쪽 06 (자연수)×(진분수) 

❶ 5, 3, $\frac{55}{3}$, $18\frac{1}{3}$
❷ 1, 2, $\frac{7}{2}$, $3\frac{1}{2}$
❸ 6, 7, $\frac{18}{7}$, $2\frac{4}{7}$
❹ 4, 3, $\frac{8}{3}$, $2\frac{2}{3}$
❺ 7, 4, $\frac{35}{4}$, $8\frac{3}{4}$
❻ 3, 2, $\frac{9}{2}$, $4\frac{1}{2}$
❼ 2, 3, $\frac{10}{3}$, $3\frac{1}{3}$
❽ 5, 3, $\frac{10}{3}$, $3\frac{1}{3}$
❾ 9, 8, $\frac{27}{8}$, $3\frac{3}{8}$
❿ 7, 5, $\frac{7}{5}$, $1\frac{2}{5}$

29쪽

⓫ 4
⓬ $14\frac{2}{3}$
⓭ 8
⓮ 8
⓯ 6
⓰ 28
⓱ 4
⓲ 3
⓳ 3
⓴ $5\frac{1}{3}$
㉑ 4
㉒ 5
㉓ $7\frac{6}{7}$
㉔ 14
㉕ $\frac{2}{3}$
㉖ 4
㉗ $9\frac{2}{7}$
㉘ $1\frac{1}{2}$

30쪽 07 (자연수)×(대분수) A

❶ 10, 10, 40, 4, 4
❷ 5, 5, 25, 12, 1
❸ 10, 10, 60, 8, 4
❹ 7, 7, 49, 16, 1
❺ 7, 7, 28, 9, 1
❻ 19, 19, 95, 13, 4
❼ 11, 11, 22, 7, 1
❽ 7, 7, 21, 10, 1

31쪽

❾ $6\frac{1}{2}$
❿ $5\frac{3}{5}$
⓫ $5\frac{1}{3}$
⓬ 15
⓭ $3\frac{1}{3}$
⓮ $13\frac{1}{3}$
⓯ $6\frac{2}{5}$
⓰ $6\frac{2}{3}$
⓱ $3\frac{1}{9}$
⓲ $2\frac{8}{9}$
⓳ $14\frac{1}{6}$
⓴ $7\frac{1}{3}$
㉑ $2\frac{3}{4}$
㉒ $12\frac{2}{3}$
㉓ $3\frac{2}{3}$
㉔ $15\frac{3}{4}$
㉕ $10\frac{5}{8}$
㉖ $8\frac{1}{3}$

32쪽 08 (자연수)×(대분수) B

❶ 6, 6, 6, 15, 9, 3
❷ 4, 4, 4, 4, 5, 1
❸ 6, 6, 6, 14, 10, 2
❹ 7, 7, 14, 21, 18, 1
❺ 3, 3, 6, 4, 7, 1
❻ 5, 5, 10, 5, 10, 5
❼ 5, 5, 10, 20, 12, 6
❽ 3, 3, 6, 21, 8, 5

33쪽

❾ $11\frac{1}{4}$
❿ $8\frac{2}{5}$
⓫ $2\frac{2}{9}$
⓬ $8\frac{4}{7}$
⓭ $5\frac{1}{7}$
⓮ $8\frac{1}{2}$
⓯ $10\frac{5}{9}$
⓰ $5\frac{5}{7}$
⓱ $5\frac{1}{2}$
⓲ 8
⓳ $6\frac{3}{4}$
⓴ $14\frac{4}{9}$
㉑ $3\frac{3}{7}$
㉒ 12
㉓ $17\frac{8}{9}$
㉔ 10
㉕ $6\frac{2}{9}$
㉖ $18\frac{2}{3}$
㉗ $7\frac{4}{5}$
㉘ $6\frac{3}{8}$
㉙ $2\frac{2}{7}$

34쪽 09 (진분수)×(진분수) A

❶ 3, 4, 12
❷ 7, 7, 49
❸ 2, 3, 6
❹ 7, 8, 56
❺ 4, 8, 32
❻ 5, 8, 40
❼ 3, 11, 33
❽ 9, 9, 81
❾ 6, 6, 36
❿ 2, 11, 22

35쪽

⓫ $\frac{1}{10}$
⓬ $\frac{1}{70}$
⓭ $\frac{1}{45}$
⓮ $\frac{1}{24}$
⓯ $\frac{1}{36}$
⓰ $\frac{1}{4}$
⓱ $\frac{1}{48}$
⓲ $\frac{1}{40}$
⓳ $\frac{1}{54}$
⓴ $\frac{1}{64}$
㉑ $\frac{1}{60}$
㉒ $\frac{1}{72}$
㉓ $\frac{1}{16}$
㉔ $\frac{1}{100}$
㉕ $\frac{1}{14}$
㉖ $\frac{1}{63}$
㉗ $\frac{1}{27}$
㉘ $\frac{1}{42}$

36쪽 10 (진분수)×(진분수) B

❶ 3, 7, 4, 15, 21, 7
❷ 5, 11, 6, 15, 55, 11
❸ 2, 1, 3, 4, 2, 1
❹ 5, 7, 6, 30, 35, 7
❺ 3, 2, 5, 15, 6, 2
❻ 4, 1, 7, 14, 4, 2
❼ 4, 11, 5, 16, 44, 11
❽ 3, 7, 4, 9, 21, 7

37쪽

❾ 1, 3, $\frac{7}{30}$
❿ 2, 5, $\frac{18}{25}$
⓫ 1, 1, 1, 5, $\frac{1}{5}$
⓬ 1, 7, $\frac{5}{49}$
⓭ 1, 6, $\frac{5}{24}$
⓮ 1, 5, $\frac{2}{25}$
⓯ 1, 4, $\frac{1}{32}$
⓰ 1, 5, $\frac{1}{30}$
⓱ 1, 4, $\frac{7}{16}$
⓲ 1, 1, $\frac{1}{3}$

38쪽 11 (대분수)×(대분수) A

❶ 10, 23, 5, 23, $\frac{115}{49}$, $2\frac{17}{49}$
❷ 5, 13, 1, 13, $\frac{13}{6}$, $2\frac{1}{6}$
❸ 6, 31, 3, 31, $\frac{93}{50}$, $1\frac{43}{50}$
❹ 15, 13, 5, 13, $\frac{65}{16}$, $4\frac{1}{16}$
❺ 14, 41, 7, 41, $\frac{287}{50}$, $5\frac{37}{50}$
❻ 8, 21, 2, 21, $\frac{42}{25}$, $1\frac{17}{25}$

39쪽

❼ $4\frac{4}{15}$
❽ $1\frac{13}{15}$
❾ $1\frac{11}{12}$
❿ $6\frac{24}{25}$
⓫ $6\frac{3}{5}$
⓬ $1\frac{17}{18}$
⓭ $2\frac{4}{5}$
⓮ 7
⓯ $7\frac{1}{2}$
⓰ $3\frac{5}{8}$
⓱ $6\frac{4}{9}$
⓲ $5\frac{3}{5}$
⓳ $6\frac{2}{7}$
⓴ $5\frac{1}{4}$
㉑ $3\frac{1}{18}$
㉒ $3\frac{8}{45}$
㉓ $1\frac{41}{50}$
㉔ $6\frac{3}{25}$
㉕ $2\frac{5}{8}$
㉖ $6\frac{2}{25}$
㉗ $3\frac{1}{5}$

40쪽 12 (대분수)×(대분수) B

❶ 14, 27, 21, 4, 1
❷ 7, 3, 7, 1, 3
❸ 10, 17, 85, 1, 36
❹ 11, 32, 88, 5, 13
❺ 12, 23, 138, 5, 13
❻ 9, 23, 23, 1, 7
❼ 8, 27, 36, 7, 1
❽ 8, 11, 44, 1, 19

41쪽

❾ 5
❿ $5\frac{32}{35}$
⓫ $6\frac{4}{5}$
⓬ 19
⓭ $6\frac{3}{5}$
⓮ $2\frac{1}{7}$
⓯ 6
⓰ $6\frac{1}{9}$
⓱ $3\frac{9}{35}$
⓲ $4\frac{23}{25}$
⓳ $3\frac{1}{8}$
⓴ $6\frac{3}{8}$
㉑ $6\frac{11}{25}$
㉒ $6\frac{4}{7}$
㉓ $2\frac{4}{9}$
㉔ $3\frac{3}{5}$
㉕ $2\frac{4}{49}$
㉖ $2\frac{19}{28}$

42쪽 13 세 분수의 곱셈 A

❶ 5, 1, 1, 3, 7, 4, $\frac{5}{84}$
❷ 3, 3, 1, 1, 4, 4, $\frac{9}{16}$
❸ 1, 3, 1, 8, 8, 2, $\frac{3}{128}$
❹ 1, 1, 1, 1, 2, 7, $\frac{1}{14}$
❺ 1, 4, 1, 3, 1, 5, $\frac{4}{15}$
❻ 2, 1, 1, 7, 3, 3, $\frac{2}{63}$

43쪽

❼ $\frac{1}{5}$
❽ $\frac{1}{9}$
❾ $\frac{1}{72}$
❿ $\frac{1}{12}$
⓫ $\frac{1}{24}$
⓬ $\frac{1}{12}$
⓭ $\frac{4}{81}$
⓮ $\frac{1}{11}$
⓯ $\frac{1}{8}$
⓰ $\frac{1}{7}$
⓱ $\frac{1}{90}$
⓲ $\frac{1}{42}$
⓳ $\frac{1}{21}$
⓴ $\frac{4}{21}$
㉑ $\frac{2}{15}$
㉒ $\frac{4}{45}$
㉓ $\frac{1}{10}$
㉔ $\frac{4}{35}$

44쪽 14 세 분수의 곱셈 B

❶ 1, 1, $\frac{1}{72}$
❷ 1, 3, $\frac{5}{126}$
❸ 1, 1, 1, 3, $\frac{1}{21}$
❹ 1, 3, 1, 7, $\frac{3}{70}$
❺ 1, 1, $\frac{4}{81}$
❻ 3, 2, $\frac{9}{28}$
❼ 1, 1, 3, 2, $\frac{5}{42}$
❽ 2, 1, $\frac{4}{35}$

45쪽

❾ $\frac{1}{21}$
❿ $\frac{1}{18}$
⓫ $\frac{1}{18}$
⓬ $\frac{7}{64}$
⓭ $\frac{4}{9}$
⓮ $\frac{1}{8}$
⓯ $\frac{4}{15}$
⓰ $\frac{1}{7}$
⓱ $\frac{4}{21}$
⓲ $\frac{5}{64}$
⓳ $\frac{1}{12}$
⓴ $\frac{1}{8}$
㉑ $\frac{4}{45}$
㉒ $\frac{2}{15}$
㉓ $\frac{9}{16}$
㉔ $\frac{1}{7}$
㉕ $\frac{2}{63}$
㉖ $\frac{1}{90}$

46쪽 01 (1보다 작은 소수)×(자연수) A

① 0.7, 3.5
② 0.2, 0.8
③ 0.6, 3.6
④ 0.3, 1.2
⑤ 0.8, 5.6
⑥ 0.8, 6.4
⑦ 0.7, 2.8
⑧ 0.6, 1.2
⑨ 0.5, 3
⑩ 0.4, 1.2
⑪ 0.9, 1.8
⑫ 0.9, 8.1

47쪽

⑬ 1.2
⑭ 3.6
⑮ 1
⑯ 4
⑰ 1.6
⑱ 5.4
⑲ 0.9
⑳ 2.7
㉑ 2.4
㉒ 1.6
㉓ 2.5
㉔ 4
㉕ 4.8
㉖ 4.9
㉗ 2.4
㉘ 6.3
㉙ 2
㉚ 1.4
㉛ 2.1
㉜ 3.6
㉝ 6.3

48쪽 02 (1보다 작은 소수)×(자연수) B

① 3, 3, 9, 0, 9
② 6, 6, 18, 1, 8
③ 8, 8, 64, 6, 4
④ 9, 9, 36, 3, 6
⑤ 5, 5, 25, 2, 5
⑥ 2, 2, 18, 1, 8
⑦ 7, 7, 49, 4, 9
⑧ 4, 4, 32, 3, 2

49쪽

⑨ 4.8
⑩ 3
⑪ 0.8
⑫ 1
⑬ 3.6
⑭ 1.8
⑮ 2.7
⑯ 0.8
⑰ 4.5
⑱ 6.3
⑲ 1.4
⑳ 2
㉑ 7.2
㉒ 2.8
㉓ 2.8
㉔ 1
㉕ 7.2
㉖ 1.4
㉗ 5.4
㉘ 4.8
㉙ 2.4

50쪽 03 (1보다 작은 소수)×(자연수) C

① 1
② 3.6
③ 2.1
④ 5.4
⑤ 2.1
⑥ 2.4
⑦ 4.5
⑧ 1.2
⑨ 0.9
⑩ 4.8
⑪ 1.5
⑫ 7.2

51쪽

⑬ 4.9
⑭ 1.5
⑮ 6.3
⑯ 3.6
⑰ 4.8
⑱ 3.5
⑲ 2.7
⑳ 3.2
㉑ 1.8
㉒ 1.6
㉓ 0.6
㉔ 3
㉕ 2.7
㉖ 7.2
㉗ 2

52쪽 04 (1보다 큰 소수)×(자연수) A

① 1.2, 4.8
② 2.2, 8.8
③ 1.8, 7.2
④ 1.3, 3.9
⑤ 2.4, 12
⑥ 1.4, 7
⑦ 2.5, 22.5
⑧ 2.7, 8.1

53쪽

⑨ 4.2
⑩ 10.2
⑪ 16.8
⑫ 12
⑬ 10.4
⑭ 11.2
⑮ 11.5
⑯ 10.8
⑰ 17.6
⑱ 10.8
⑲ 21.6
⑳ 6.5
㉑ 5.8
㉒ 9.5
㉓ 7.2
㉔ 14.4
㉕ 20.7
㉖ 3.4
㉗ 18.2
㉘ 9
㉙ 7.5

54쪽 05 (1보다 큰 소수)×(자연수) B

❶ 12, 12, 36, 3, 6
❷ 22, 22, 66, 6, 6
❸ 13, 13, 65, 6, 5
❹ 24, 24, 144, 1, 4, 4
❺ 23, 23, 92, 9, 2
❻ 18, 18, 126, 1, 2, 6
❼ 25, 25, 175, 1, 7, 5
❽ 16, 16, 64, 6, 4

55쪽

❾ 5.6
❿ 8.5
⓫ 7.2
⓬ 19.8
⓭ 18.9
⓮ 7.5
⓯ 17.1
⓰ 2.8
⓱ 23.2
⓲ 7.6
⓳ 14
⓴ 9.6
㉑ 4.5
㉒ 16.2
㉓ 21.6
㉔ 12.8
㉕ 23.4
㉖ 5.1
㉗ 15
㉘ 18.4
㉙ 16.2

56쪽 06 (1보다 큰 소수)×(자연수) C

❶ 14.4
❷ 11.4
❸ 7.5
❹ 4.8
❺ 20.3
❻ 7.5
❼ 3.9
❽ 15.6
❾ 9
❿ 8.1
⓫ 11.2
⓬ 6.8

57쪽

⓭ 3.6
⓮ 6.4
⓯ 7.8
⓰ 16.2
⓱ 11.9
⓲ 8.8
⓳ 17.5
⓴ 16.1
㉑ 12
㉒ 8.7
㉓ 9.6
㉔ 8.4
㉕ 3.8
㉖ 10.4
㉗ 5.6

58쪽 07 (자연수)×(1보다 작은 소수) A

❶ 0.9, 7.2
❷ 0.2, 0.8
❸ 0.7, 5.6
❹ 0.8, 1.6
❺ 0.3, 1.8
❻ 0.5, 1.5
❼ 0.6, 3
❽ 0.4, 3.6

59쪽

❾ 0.8
❿ 3.5
⓫ 3.6
⓬ 1.4
⓭ 3.6
⓮ 2.4
⓯ 4
⓰ 6.4
⓱ 6.3
⓲ 0.9
⓳ 1.8
⓴ 2.5
㉑ 4.8
㉒ 2
㉓ 1.4
㉔ 2.8
㉕ 5.6
㉖ 4.5
㉗ 6.3
㉘ 4.2
㉙ 4

60쪽 08 (자연수)×(1보다 작은 소수) B

❶ 7, 7, 35, 3, 5
❷ 4, 4, 12, 1, 2
❸ 9, 9, 18, 1, 8
❹ 8, 8, 32, 3, 2
❺ 5, 5, 45, 4, 5
❻ 3, 3, 24, 2, 4
❼ 2, 2, 12, 1, 2
❽ 6, 6, 48, 4, 8

61쪽

❾ 1.5
❿ 4.9
⓫ 0.4
⓬ 4.2
⓭ 5.6
⓮ 2.7
⓯ 2.4
⓰ 4
⓱ 0.8
⓲ 3.6
⓳ 3.6
⓴ 6.4
㉑ 1.5
㉒ 2.8
㉓ 1.2
㉔ 3.5
㉕ 3
㉖ 8.1
㉗ 1.8
㉘ 1.4
㉙ 0.6

62쪽 09 (자연수)×(1보다 작은 소수) C

① 4.2	⑤ 2.8	⑨ 2.8
② 0.6	⑥ 7.2	⑩ 1.5
③ 3.6	⑦ 3	⑪ 4
④ 3.2	⑧ 7.2	⑫ 4

63쪽

⑬ 2	⑱ 0.9	㉓ 1
⑭ 1.6	⑲ 5.4	㉔ 1
⑮ 1.8	⑳ 4.9	㉕ 1.4
⑯ 3	㉑ 1.8	㉖ 2
⑰ 1.8	㉒ 5.6	㉗ 2.4

64쪽 10 (자연수)×(1보다 큰 소수) A

① 3.9, 19.5	⑤ 2.6, 10.4
② 1.9, 5.7	⑥ 1.7, 6.8
③ 3.8, 7.6	⑦ 1.4, 7
④ 3.2, 22.4	⑧ 1.8, 10.8

65쪽

⑨ 3.4	⑯ 19	㉓ 4.4
⑩ 16	⑰ 4.2	㉔ 6.4
⑪ 7.5	⑱ 17	㉕ 9.5
⑫ 13.2	⑲ 6	㉖ 6.9
⑬ 15.2	⑳ 24.5	㉗ 9.6
⑭ 4.8	㉑ 28.8	㉘ 11
⑮ 12.6	㉒ 10.5	㉙ 12.8

66쪽 11 (자연수)×(1보다 큰 소수) B

① 38, 38, 304, 3, 0, 4	⑤ 29, 29, 87, 8, 7
② 19, 19, 114, 1, 1, 4	⑥ 29, 29, 145, 1, 4, 5
③ 36, 36, 72, 7, 2	⑦ 26, 26, 182, 1, 8, 2
④ 23, 23, 184, 1, 8, 4	⑧ 18, 18, 162, 1, 6, 2

67쪽

⑨ 26.1	⑯ 6.6	㉓ 8.5
⑩ 22.2	⑰ 3.6	㉔ 11.7
⑪ 3.9	⑱ 12.5	㉕ 26.4
⑫ 20.4	⑲ 17.1	㉖ 8.1
⑬ 9.6	⑳ 12.8	㉗ 16.5
⑭ 5.2	㉑ 31.5	㉘ 15.3
⑮ 25.2	㉒ 6.5	㉙ 23.8

68쪽 12 (자연수)×(1보다 큰 소수) C

① 5.4	⑤ 18.4	⑨ 4.5
② 13.3	⑥ 17.5	⑩ 17.4
③ 22.2	⑦ 6.5	⑪ 27.3
④ 19.2	⑧ 14	⑫ 6.8

69쪽

⑬ 6.4	⑱ 11.7	㉓ 5.7
⑭ 26.4	⑲ 8.4	㉔ 21.6
⑮ 7.2	⑳ 10	㉕ 7.8
⑯ 15.4	㉑ 14.4	㉖ 19
⑰ 14	㉒ 11.2	㉗ 25.2

70쪽 13 (1보다 작은 소수)×(1보다 작은 소수) A

❶ 0.3. 0.9, 0.27
❷ 0.1, 0.5, 0.05
❸ 0.2, 0.3, 0.06
❹ 0.5, 0.3, 0.15
❺ 0.8, 0.8, 0.64
❻ 0.4, 0.8, 0.32
❼ 0.7, 0.8, 0.56
❽ 0.6, 0.7, 0.42

71쪽

⑨ 0.14
⑩ 0.12
⑪ 0.81
⑫ 0.45
⑬ 0.24
⑭ 0.54
⑮ 0.16
⑯ 0.08
⑰ 0.48
⑱ 0.18
⑲ 0.16
⑳ 0.09
㉑ 0.49
㉒ 0.4
㉓ 0.27
㉔ 0.02
㉕ 0.12
㉖ 0.24
㉗ 0.28
㉘ 0.36
㉙ 0.63

72쪽 14 (1보다 작은 소수)×(1보다 작은 소수) B

❶ 6, 8, 48, 0, 4, 8
❷ 7, 5, 35, 0, 3, 5
❸ 6, 3, 18, 0, 1, 8
❹ 1, 4, 4, 0, 0, 4
❺ 2, 7, 14, 0, 1, 4
❻ 4, 3, 12, 0, 1, 2
❼ 9, 9, 81, 0, 8, 1
❽ 3, 8, 24, 0, 2, 4

73쪽

⑨ 0.18
⑩ 0.49
⑪ 0.03
⑫ 0.18
⑬ 0.32
⑭ 0.63
⑮ 0.14
⑯ 0.12
⑰ 0.15
⑱ 0.56
⑲ 0.24
⑳ 0.09
㉑ 0.25
㉒ 0.14
㉓ 0.12
㉔ 0.06
㉕ 0.09
㉖ 0.72
㉗ 0.48
㉘ 0.06
㉙ 0.32

74쪽 15 (1보다 작은 소수)×(1보다 작은 소수) C

❶ 0.1
❷ 0.04
❸ 0.72
❹ 0.16
❺ 0.72
❻ 0.2
❼ 0.06
❽ 0.06
❾ 0.15
❿ 0.1
⓫ 0.24
⓬ 0.28

75쪽

⑬ 0.27
⑭ 0.42
⑮ 0.3
⑯ 0.16
⑰ 0.24
⑱ 0.08
⑲ 0.45
⑳ 0.56
㉑ 0.09
㉒ 0.64
㉓ 0.3
㉔ 0.24
㉕ 0.4
㉖ 0.48
㉗ 0.27

76쪽 16 (1보다 큰 소수)×(1보다 큰 소수) A

❶ 1.1, 2.7. 2.97
❷ 1.1, 1.8, 1.98
❸ 1.1, 3.5, 3.85
❹ 1.4, 3.7, 5.18
❺ 1.7, 1.7, 2.89
❻ 1.4, 1.9, 2.66
❼ 1.2, 1.7, 2.04
❽ 1.3, 2.3, 2.99

77쪽

⑨ 3.12
⑩ 2.4
⑪ 3.9
⑫ 4.42
⑬ 6.66
⑭ 2.1
⑮ 5.94
⑯ 4
⑰ 4.94
⑱ 5.25
⑲ 1.95
⑳ 6.27
㉑ 4.59
㉒ 3.06
㉓ 2.04
㉔ 5.44
㉕ 1.54
㉖ 5.95
㉗ 2.88
㉘ 5.04
㉙ 3.96

78쪽 17 (1보다 큰 소수)×(1보다 큰 소수) B

1. 18, 18, 324, 3, 2, 4
2. 12, 26, 312, 3, 1, 2
3. 15, 19, 285, 2, 8, 5
4. 11, 34, 374, 3, 7, 4
5. 11, 16, 176, 1, 7, 6
6. 19, 12, 228, 2, 2, 8
7. 15, 25, 375, 3, 7, 5
8. 15, 33, 495, 4, 9, 5

79쪽

9. 2.64
10. 3.91
11. 1.82
12. 2.1
13. 3.63
14. 2.38
15. 7.02
16. 5.32
17. 4.48
18. 3.42
19. 3.5
20. 7.22
21. 4.68
22. 5.1
23. 1.21
24. 2.4
25. 6.08
26. 6.46
27. 1.92
28. 4.48
29. 2.16

80쪽 18 (1보다 큰 소수)×(1보다 큰 소수) C

1. 3.48
2. 1.87
3. 5.92
4. 4.56
5. 4.2
6. 4.76
7. 2.21
8. 4.05
9. 2.72
10. 3.61
11. 4.62
12. 2.85

81쪽

13. 3.04
14. 4.16
15. 4.55
16. 3.42
17. 5.78
18. 3.78
19. 3.96
20. 1.44
21. 3.96
22. 6.46
23. 4.65
24. 2.38
25. 3.12
26. 2.75
27. 5.58

82쪽 19 곱의 소수점의 위치 

1. 55.1, 551, 5510
2. 25.9, 259, 2590
3. 14.8, 148, 1480
4. 15.9, 159, 1590
5. 23.7, 237, 2370
6. 30.6, 306, 3060

83쪽

7. 38.4, 384, 3840
8. 19.3, 193, 1930
9. 27.2, 272, 2720
10. 29.4, 294, 2940
11. 33.9, 339, 3390
12. 36.2, 362, 3620
13. 13.7, 137, 1370
14. 21.6, 216, 2160

84쪽 20 곱의 소수점의 위치 B

1. 227, 22.7, 2.27
2. 151, 15.1, 1.51
3. 348, 34.8, 3.48
4. 205, 20.5, 2.05
5. 184, 18.4, 1.84
6. 382, 38.2, 3.82

85쪽

7. 128, 12.8, 1.28
8. 394, 39.4, 3.94
9. 326, 32.6, 3.26
10. 116, 11.6, 1.16
11. 216, 21.6, 2.16
12. 162, 16.2, 1.62
13. 273, 27.3, 2.73
14. 295, 29.5, 2.95

86쪽 01 평균 구하기 A

❶ 93, 3, 93, 3, 31
❷ 84, 3, 84, 3, 28
❸ 87, 3, 87, 3, 29
❹ 63, 3, 63, 3, 21

87쪽

❺ 25
❻ 31
❼ 25
❽ 23
❾ 25
❿ 29
⓫ 28
⓬ 25
⓭ 31
⓮ 28

88쪽 02 평균 구하기 B

❶ 72, 3, 72, 3, 24
❷ 96, 3, 96, 3, 32
❸ 84, 3, 84, 3, 28
❹ 84, 3, 84, 3, 28
❺ 75, 3, 75, 3, 25
❻ 75, 3, 75, 3, 25

89쪽

❼ 25
❽ 31
❾ 29
❿ 23
⓫ 31
⓬ 29
⓭ 18
⓮ 22
⓯ 27
⓰ 27
⓱ 25
⓲ 23

MEMO

쌤과 **맘**이 만든

쌍둥이 연산노트

의 책이에요!

제 품 명: 쌍둥이 연산노트
제조자명: 이젠교육
제조국명: 대한민국
제조년월: 판권에 별도 표기
사용학년: 8세 이상
※ KC마크는 이 제품이 공통안전기준에 적합하였음을 의미합니다.

값 9,500원

63410

9 791190 880602

ISBN 979-11-90880-60-2

교과서 연계 연산 강화 프로젝트
속도와 정확성을 동시에 잡는 연산 훈련서

쌤과 맘이 만든

쌍둥이 연산노트

초등 10단계

5·2 복습책

1일 2쪽
한 달 완성

이젠교육
EZEN EDUCATION

이젠수학연구소 지음

이젠수학연구소는 유아에서 초중고까지 학생들이 수학의 바른길을 찾아갈 수 있도록 수학 학습법을 연구하는 이젠교육의 수학 연구소입니다. 수학 실력은 하루아침에 완성되지 않으며, 다양한 경험을 통해 발달합니다. 그길에 친구가 되고자 노력합니다.

복습을 하지 않으면
공부를 하지 않은 것과 같아요!

쌤과 맘이 만든

쌍둥이 연산 노트 5-2 복습책 (초등 10단계)

지 은 이	이젠수학연구소	개발책임	최철훈
펴 낸 이	임요병	편 집	㈜성지이디피
펴 낸 곳	㈜이젠미디어	디 자 인	이순주, 최수연
출판등록	제 2020-000073호	제 작	이성기
주 소	서울시 영등포구 양평로 22길 21 코오롱디지털타워 404호	마 케 팅	김남미
전 화	(02)324-1600	인스타그램	@ezeneducation
팩 스	(031)941-9611	블 로 그	http://blog.naver.com/ezeneducation

@이젠교육

ISBN 979-11-90880-60-2

쌤과 맘이 만든

쌍둥이 연산노트

초등 10단계

5·2 복습책

쌍둥이 연산 노트

한눈에 보기

1학년

1학기

단원	학습 내용
9까지의 수	· 9까지의 수의 순서 알기 · 수를 세어 크기 비교하기
덧셈	· 9까지의 수 모으기 · 합이 9까지인 덧셈하기
뺄셈	· 9까지의 수 가르기 · 한 자리 수의 뺄셈하기
50까지의 수	· 십몇 알고 모으기와 가르기 · 50까지의 수의 순서 알기 · 50까지의 수의 크기 비교

2학기

단원	학습 내용
100까지의 수	· 100까지의 수의 순서 알기 · 100까지 수의 크기 비교하기
덧셈(1)	· (몇십몇)+(몇십몇) · 합이 한 자리 수인 세 수의 덧셈
뺄셈(1)	· (몇십몇)−(몇십몇) · 계산 결과가 한 자리 수인 세 수의 뺄셈
덧셈(2)	· 세 수의 덧셈 · 받아올림이 있는 (몇)+(몇)
뺄셈(2)	· 세 수의 뺄셈 · 받아내림이 있는 (십몇)−(몇)

2학년

1학기

단원	학습 내용
세 자리 수	· 세 자리 수의 자릿값 알기 · 수의 크기 비교
덧셈	· 받아올림이 있는 (두 자리 수)+(두 자리 수) · 세 수의 덧셈
뺄셈	· 받아내림이 있는 (두 자리 수)−(두 자리 수) · 세 수의 뺄셈
곱셈	· 몇 배인지 알아보기 · 곱셈식으로 나타내기

2학기

단원	학습 내용
네 자리 수	· 네 자리 수 알기 · 두 수의 크기 비교
곱셈구구	· 2~9단 곱셈구구 · 1의 단, 0과 어떤 수의 곱
길이 재기	· 길이의 합 · 길이의 차
시각과 시간	· 시각 읽기 · 시각과 분 사이의 관계 · 하루, 1주일, 달력 알기

3학년

1학기

단원	학습 내용
덧셈	· 받아올림이 있는 (세 자리 수)+(세 자리 수)
뺄셈	· 받아내림이 있는 (세 자리 수)−(세 자리 수)
나눗셈	· 곱셈과 나눗셈의 관계 · 나눗셈의 몫 구하기
곱셈	· 올림이 있는 (몇십몇)×(몇)
길이와 시간의 덧셈과 뺄셈	· 길이의 덧셈과 뺄셈 · 시간의 덧셈과 뺄셈
분수와 소수	· 분모가 같은 분수의 크기 비교 · 소수의 크기 비교

2학기

단원	학습 내용
곱셈	· 올림이 있는 (세 자리 수)×(한 자리 수) · 올림이 있는 (몇십몇)×(몇십몇)
나눗셈	· 나머지가 있는 (몇십몇)÷(몇) · 나머지가 있는 (세 자리 수)÷(한 자리 수)
분수	· 진분수, 가분수, 대분수 · 대분수를 가분수로 나타내기 · 가분수를 대분수로 나타내기 · 분모가 같은 분수의 크기 비교
들이와 무게	· 들이의 덧셈과 뺄셈 · 무게의 덧셈과 뺄셈

쌍둥이 연산 노트는 **수학 교과서의 연산과 관련된 모든 영역의 문제를**
학교 수업 차시에 맞게 구성하였습니다.

4학년

1학기

단원	학습 내용
큰 수	· 다섯 자리 수 · 천만, 천억, 천조 알기 · 수의 크기 비교
각도	· 각도의 합과 차 · 삼각형의 세 각의 크기의 합 · 사각형의 네 각의 크기의 합
곱셈	· (몇백)×(몇십) · (세 자리 수)×(두 자리 수)
나눗셈	· (몇백몇십)÷(몇십) · (세 자리 수)÷(두 자리 수)

2학기

단원	학습 내용
분수의 덧셈	· 분모가 같은 분수의 덧셈 · 진분수 부분의 합이 1보다 큰 대분수의 덧셈
분수의 뺄셈	· 분모가 같은 분수의 뺄셈 · 받아내림이 있는 대분수의 뺄셈
소수의 덧셈	· (소수 두 자리 수)+(소수 두 자리 수) · 자릿수가 다른 소수의 덧셈
소수의 뺄셈	· (소수 두 자리 수)−(소수 두 자리 수) · 자릿수가 다른 소수의 뺄셈
다각형	· 삼각형, 평행사변형, 마름모, 직사각형의 각도와 길이 구하기

5학년

1학기

단원	학습 내용
자연수의 혼합 계산	· 덧셈, 뺄셈, 곱셈, 나눗셈이 섞여 있는 식 계산하기
약수와 배수	· 약수와 배수 · 최대공약수와 최소공배수
약분과 통분	· 약분과 통분 · 분수와 소수의 크기 비교
분수의 덧셈과 뺄셈	· 받아올림이 있는 분수의 덧셈 · 받아내림이 있는 분수의 뺄셈
다각형의 둘레와 넓이	· 정다각형의 둘레 · 사각형, 평행사변형, 삼각형, 마름모, 사다리꼴의 넓이

2학기

단원	학습 내용
어림하기	· 올림, 버림, 반올림
분수의 곱셈	· (분수)×(자연수) · (자연수)×(분수) · (분수)×(분수) · 세 분수의 곱셈
소수의 곱셈	· (소수)×(자연수) · (자연수)×(소수) · (소수)×(소수) · 곱의 소수점의 위치
자료의 표현	· 평균 구하기

6학년

1학기

단원	학습 내용
분수의 나눗셈	· (자연수)÷(자연수) · (분수)÷(자연수)
소수의 나눗셈	· (소수)÷(자연수) · (자연수)÷(자연수)
비와 비율	· 비와 비율 구하기 · 비율을 백분율, 백분율을 비율로 나타내기
직육면체의 부피와 겉넓이	· 직육면체의 부피와 겉넓이 · 정육면체의 부피와 겉넓이

2학기

단원	학습 내용
분수의 나눗셈	· (진분수)÷(진분수) · (자연수)÷(분수) · (대분수)÷(대분수)
소수의 나눗셈	· (소수)÷(소수) · (자연수)÷(소수) · 몫을 반올림하여 나타내기
비례식과 비례배분	· 간단한 자연수의 비로 나타내기 · 비례식과 비례배분
원주와 원의 넓이	· 원주, 지름, 반지름 구하기 · 원의 넓이 구하기

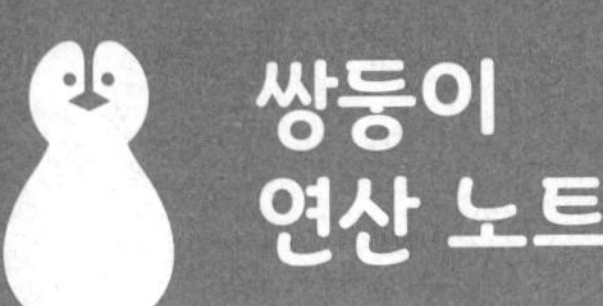

구성과 유의점

단원	학습 내용	지도 시 유의점	표준 시간
어림하기	01 올림(1)	올림의 뜻을 알고, 올림하여 어림수로 나타내어 보게 합니다.	12분
	02 올림(2)		12분
	03 버림(1)	버림의 뜻을 알고, 버림하여 어림수로 나타내어 보게 합니다.	12분
	04 버림(2)		12분
	05 반올림(1)	반올림의 뜻을 알고, 반올림하여 어림수로 나타내어 보게 합니다.	12분
	06 반올림(2)		12분
분수의 곱셈	01 (진분수)×(자연수)(1)	(진분수)×(자연수)를 약분하여 계산하고 편리한 방법을 선택하여 계산하게 합니다.	13분
	02 (진분수)×(자연수)(2)		13분
	03 (대분수)×(자연수)(1)	(진분수)×(자연수) 상황과 연결하여 (대분수)×(자연수)의 계산 원리를 이해하고 계산하게 합니다.	13분
	04 (대분수)×(자연수)(2)		13분
	05 (자연수)×(진분수)(1)	(자연수)×(진분수)를 약분하여 계산하고 편리한 방법을 선택하여 계산하게 합니다.	13분
	06 (자연수)×(진분수)(2)		13분
	07 (자연수)×(대분수)(1)	(자연수)×(진분수) 상황과 연결하여 (자연수)×(대분수)의 계산 원리를 이해하고 계산하게 합니다.	13분
	08 (자연수)×(대분수)(2)		13분
	09 (진분수)×(진분수)(1)	(단위분수)×(단위분수) 상황과 연결하여 (진분수)×(진분수)의 계산 원리를 이해하고 계산하게 합니다.	13분
	10 (진분수)×(진분수)(2)		9분
	11 (대분수)×(대분수)(1)	(대분수)×(대분수)의 계산 원리를 이해하고 계산하게 합니다.	13분
	12 (대분수)×(대분수)(2)		13분
	13 세 분수의 곱셈(1)	세 분수의 곱셈을 약분하여 계산하고 편리한 방법을 선택하여 계산하게 합니다.	13분
	14 세 분수의 곱셈(2)		13분

◆ 차시별 2쪽 구성으로 차시의 중요도별로 A~C단계로 2~6쪽까지 집중적으로 학습할 수 있습니다.
◆ 차시별 예습 2쪽+복습 2쪽 구성으로 시기별로 2번 반복할 수 있습니다.

단원	학습 내용	지도 시 유의점	표준 시간
소수의 곱셈	01 (1보다 작은 소수)×(자연수)(1)	· (1보다 작은 소수)×(자연수)를 여러 가지 방법으로 해결합니다. · (1보다 작은 소수)×(자연수)의 계산 원리를 이해하고 계산하게 합니다.	13분
	02 (1보다 작은 소수)×(자연수)(2)		13분
	03 (1보다 작은 소수)×(자연수)(3)		13분
	04 (1보다 큰 소수)×(자연수)(1)	· (1보다 큰 소수)×(자연수)를 여러 가지 방법으로 해결합니다. · (1보다 큰 소수)×(자연수)의 계산 원리를 이해하고 계산하게 합니다.	13분
	05 (1보다 큰 소수)×(자연수)(2)		13분
	06 (1보다 큰 소수)×(자연수)(3)		13분
	07 (자연수)×(1보다 작은 소수)(1)	· (자연수)×(1보다 작은 소수)를 여러 가지 방법으로 해결합니다. · (자연수)×(1보다 작은 소수)의 계산 원리를 이해하고 계산하게 합니다.	13분
	08 (자연수)×(1보다 작은 소수)(2)		13분
	09 (자연수)×(1보다 작은 소수)(3)		13분
	10 (자연수)×(1보다 큰 소수)(1)	· (자연수)×(1보다 큰 소수)를 여러 가지 방법으로 해결합니다. · (자연수)×(1보다 큰 소수)의 계산 원리를 이해하고 계산하게 합니다.	13분
	11 (자연수)×(1보다 큰 소수)(2)		13분
	12 (자연수)×(1보다 큰 소수)(3)		13분
	13 (1보다 작은 소수)×(1보다 작은 소수)(1)	· 1보다 작은 소수끼리의 곱셈을 여러 가지 방법으로 해결합니다. · 1보다 작은 소수끼리의 곱셈의 계산 원리를 이해하고 계산하게 합니다.	13분
	14 (1보다 작은 소수)×(1보다 작은 소수)(2)		13분
	15 (1보다 작은 소수)×(1보다 작은 소수)(3)		13분
	16 (1보다 큰 소수)×(1보다 큰 소수)(1)	· 1보다 큰 소수끼리의 곱셈을 여러 가지 방법으로 해결합니다. · 1보다 큰 소수끼리의 곱셈의 계산 원리를 이해하고 계산하게 합니다.	13분
	17 (1보다 큰 소수)×(1보다 큰 소수)(2)		13분
	18 (1보다 큰 소수)×(1보다 큰 소수)(3)		13분
	19 곱의 소수점의 위치(1)	소수의 곱셈 상황에서 곱의 소수점 위치 변화의 원리를 이해하여 계산할 수 있게 합니다.	9분
	20 곱의 소수점의 위치(2)		9분
자료의 표현	01 평균 구하기(1)	자료의 값을 모두 더해 자료의 수로 나누는 활동을 통해 평균의 계산 원리를 이해하고 구할 수 있게 합니다.	9분
	02 평균 구하기(2)		9분

01 올림

올림하여 십의 자리까지 나타내려고 합니다. □ 안에 알맞은 수를 써넣으세요.

❶ 36**7** (7 → 10) ➡ 3□□

십의 자리 아래 수인 7을 10으로 봐요.

❷ 81**3** (3 → 10) ➡ 8□□

❸ 12**2** (2 → 10) ➡ 1□□

❹ 74**5** (5 → 10) ➡ 7□□

❺ 86**9** (9 → 10) ➡ 8□□

❻ 61**6** (6 → 10) ➡ 6□□

❼ 81**8** (8 → 10) ➡ 8□□

❽ 21**8** (8 → 10) ➡ 2□□

❾ 51**5** (5 → 10) ➡ 5□□

❿ 67**7** (7 → 10) ➡ 6□□

⓫ 84**6** (6 → 10) ➡ 8□□

⓬ 45**5** (5 → 10) ➡ 4□□

⓭ 43**5** (5 → 10) ➡ 4□□

⓮ 71**9** (9 → 10) ➡ 7□□

⓯ 58**6** (6 → 10) ➡ 5□□

⓰ 32**1** (1 → 10) ➡ 3□□

⓱ 24**2** (2 → 10) ➡ 2□□

⓲ 18**9** (9 → 10) ➡ 1□□

정답 92쪽

공부한 날짜	맞힌 개수	걸린 시간
월 일	/39	분

올림하여 십의 자리까지 나타내세요.

⑲ 619 ➡ ( )

⑳ 477 ➡ ( )

㉑ 792 ➡ ( )

㉒ 256 ➡ ( )

㉓ 758 ➡ ( )

㉔ 839 ➡ ( )

㉕ 643 ➡ ( )

㉖ 293 ➡ ( )

㉗ 557 ➡ ( )

㉘ 146 ➡ ( )

㉙ 828 ➡ ( )

㉚ 487 ➡ ( )

㉛ 379 ➡ ( )

㉜ 272 ➡ ( )

㉝ 762 ➡ ( )

㉞ 335 ➡ ( )

㉟ 549 ➡ ( )

㊱ 443 ➡ ( )

㊲ 879 ➡ ( )

㊳ 168 ➡ ( )

㊴ 697 ➡ ( )

02 올림

올림하여 백의 자리까지 나타내려고 합니다. □ 안에 알맞은 수를 써넣으세요.

1. 8 11 (↑100) ➡ □□□

   백의 자리 아래 수인 11을 100으로 봐요.

2. 2 22 (↑100) ➡ □□□
3. 1 13 (↑100) ➡ □□□
4. 7 74 (↑100) ➡ □□□
5. 8 96 (↑100) ➡ □□□
6. 5 95 (↑100) ➡ □□□
7. 6 68 (↑100) ➡ □□□
8. 4 18 (↑100) ➡ □□□
9. 5 12 (↑100) ➡ □□□
10. 7 94 (↑100) ➡ □□□
11. 3 69 (↑100) ➡ □□□
12. 6 49 (↑100) ➡ □□□
13. 7 27 (↑100) ➡ □□□
14. 3 45 (↑100) ➡ □□□
15. 2 59 (↑100) ➡ □□□
16. 8 92 (↑100) ➡ □□□
17. 1 97 (↑100) ➡ □□□
18. 4 45 (↑100) ➡ □□□

정답 92쪽

공부한 날짜	맞힌 개수	걸린 시간
월 일	/39	분

올림하여 백의 자리까지 나타내세요.

⑲ 429 ➡ ( )	㉖ 542 ➡ ( )	㉝ 327 ➡ ( )
⑳ 752 ➡ ( )	㉗ 149 ➡ ( )	㉞ 876 ➡ ( )
㉑ 838 ➡ ( )	㉘ 244 ➡ ( )	㉟ 671 ➡ ( )
㉒ 227 ➡ ( )	㉙ 736 ➡ ( )	㊱ 355 ➡ ( )
㉓ 639 ➡ ( )	㉚ 836 ➡ ( )	㊲ 125 ➡ ( )
㉔ 532 ➡ ( )	㉛ 195 ➡ ( )	㊳ 655 ➡ ( )
㉕ 399 ➡ ( )	㉜ 742 ➡ ( )	㊴ 473 ➡ ( )

03 버림

버림하여 십의 자리까지 나타내려고 합니다. □ 안에 알맞은 수를 써넣으세요.

❶ 67$\overset{0}{\not 5}$ ➡ 6□□

십의 자리 아래 수인 5를 0으로 봐요.

❷ 21$\overset{0}{\not 3}$ ➡ 2□□

❸ 48$\overset{0}{\not 5}$ ➡ 4□□

❹ 51$\overset{0}{\not 4}$ ➡ 5□□

❺ 81$\overset{0}{\not 6}$ ➡ 8□□

❻ 19$\overset{0}{\not 6}$ ➡ 1□□

❼ 78$\overset{0}{\not 5}$ ➡ 7□□

❽ 59$\overset{0}{\not 6}$ ➡ 5□□

❾ 67$\overset{0}{\not 3}$ ➡ 6□□

❿ 26$\overset{0}{\not 4}$ ➡ 2□□

⓫ 39$\overset{0}{\not 4}$ ➡ 3□□

⓬ 32$\overset{0}{\not 2}$ ➡ 3□□

⓭ 19$\overset{0}{\not 9}$ ➡ 1□□

⓮ 85$\overset{0}{\not 3}$ ➡ 8□□

⓯ 22$\overset{0}{\not 4}$ ➡ 2□□

⓰ 47$\overset{0}{\not 1}$ ➡ 4□□

⓱ 33$\overset{0}{\not 3}$ ➡ 3□□

⓲ 71$\overset{0}{\not 4}$ ➡ 7□□

정답 92쪽

공부한 날짜	맞힌 개수	걸린 시간
월 일	/39	분

버림하여 십의 자리까지 나타내세요.

⑲ 625 ➡ ( )

⑳ 277 ➡ ( )

㉑ 823 ➡ ( )

㉒ 141 ➡ ( )

㉓ 233 ➡ ( )

㉔ 431 ➡ ( )

㉕ 769 ➡ ( )

㉖ 337 ➡ ( )

㉗ 744 ➡ ( )

㉘ 229 ➡ ( )

㉙ 581 ➡ ( )

㉚ 657 ➡ ( )

㉛ 342 ➡ ( )

㉜ 257 ➡ ( )

㉝ 867 ➡ ( )

㉞ 414 ➡ ( )

㉟ 534 ➡ ( )

㊱ 375 ➡ ( )

㊲ 112 ➡ ( )

㊳ 738 ➡ ( )

㊴ 669 ➡ ( )

04 버림

버림하여 백의 자리까지 나타내려고 합니다. □ 안에 알맞은 수를 써넣으세요.

❶ 631 ➡ □□□

백의 자리 아래 수인 31을 0으로 봐요.

❷ 875 ➡ □□□

❸ 147 ➡ □□□

❹ 634 ➡ □□□

❺ 767 ➡ □□□

❻ 413 ➡ □□□

❼ 249 ➡ □□□

❽ 127 ➡ □□□

❾ 368 ➡ □□□

❿ 547 ➡ □□□

⓫ 223 ➡ □□□

⓬ 316 ➡ □□□

⓭ 511 ➡ □□□

⓮ 726 ➡ □□□

⓯ 463 ➡ □□□

⓰ 188 ➡ □□□

⓱ 829 ➡ □□□

⓲ 644 ➡ □□□

➲ 정답 92쪽

공부한 날짜	맞힌 개수	걸린 시간
월 일	/39	분

버림하여 백의 자리까지 나타내세요.

⑲ 382 ➡ (   )

⑳ 779 ➡ (   )

㉑ 526 ➡ (   )

㉒ 346 ➡ (   )

㉓ 587 ➡ (   )

㉔ 436 ➡ (   )

㉕ 251 ➡ (   )

㉖ 819 ➡ (   )

㉗ 219 ➡ (   )

㉘ 164 ➡ (   )

㉙ 615 ➡ (   )

㉚ 115 ➡ (   )

㉛ 724 ➡ (   )

㉜ 888 ➡ (   )

㉝ 449 ➡ (   )

㉞ 688 ➡ (   )

㉟ 167 ➡ (   )

㊱ 273 ➡ (   )

㊲ 844 ➡ (   )

㊳ 326 ➡ (   )

㊴ 539 ➡ (   )

05 반올림

반올림하여 십의 자리까지 나타내려고 합니다. □ 안에 알맞은 수를 써넣으세요.

❶ 676 ➡ 6□□ (10↑)
일의 자리 숫자가 6이므로 올림을 해요.

❷ 754 ➡ 7□□ (0)
일의 자리 숫자가 4이므로 버림을 해요.

❸ 472 ➡ 4□□ (0)

❹ 121 ➡ 1□□ (0)

❺ 211 ➡ 2□□ (0)

❻ 812 ➡ 8□□ (0)

❼ 546 ➡ 5□□ (10↑)

❽ 336 ➡ 3□□ (10↑)

❾ 182 ➡ 1□□ (0)

❿ 126 ➡ 1□□ (10↑)

⓫ 692 ➡ 6□□ (0)

⓬ 564 ➡ 5□□ (0)

⓭ 156 ➡ 1□□ (10↑)

⓮ 884 ➡ 8□□ (0)

⓯ 234 ➡ 2□□ (0)

⓰ 423 ➡ 4□□ (0)

⓱ 318 ➡ 3□□ (10↑)

⓲ 733 ➡ 7□□ (0)

정답 93쪽

공부한 날짜	맞힌 개수	걸린 시간
월 일	/39	분

반올림하여 십의 자리까지 나타내세요.

⑲ 777 ➡ (　　　　　)

⑳ 555 ➡ (　　　　　)

㉑ 837 ➡ (　　　　　)

㉒ 215 ➡ (　　　　　)

㉓ 179 ➡ (　　　　　)

㉔ 621 ➡ (　　　　　)

㉕ 492 ➡ (　　　　　)

㉖ 468 ➡ (　　　　　)

㉗ 341 ➡ (　　　　　)

㉘ 289 ➡ (　　　　　)

㉙ 897 ➡ (　　　　　)

㉚ 411 ➡ (　　　　　)

㉛ 158 ➡ (　　　　　)

㉜ 588 ➡ (　　　　　)

㉝ 622 ➡ (　　　　　)

㉞ 799 ➡ (　　　　　)

㉟ 523 ➡ (　　　　　)

㊱ 114 ➡ (　　　　　)

㊲ 666 ➡ (　　　　　)

㊳ 822 ➡ (　　　　　)

㊴ 226 ➡ (　　　　　)

06 반올림

반올림하여 백의 자리까지 나타내려고 합니다. □ 안에 알맞은 수를 써넣으세요.

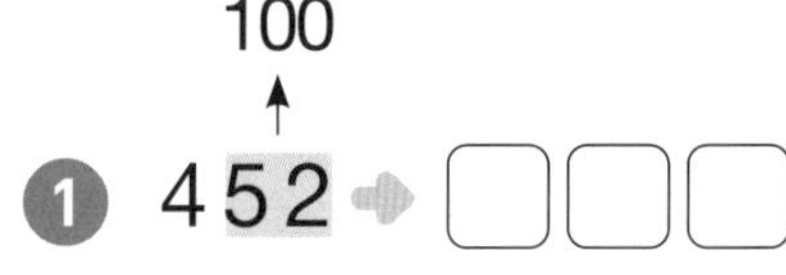

① 452 ➡ □□□ (100↑)

십의 자리 숫자가 5이므로 올림을 해요.

② 612 ➡ □□□ (0 0)

십의 자리 숫자가 1이므로 버림을 해요.

③ 448 ➡ □□□ (0 0)

④ 877 ➡ □□□ (100↑)

⑤ 761 ➡ □□□ (100↑)

⑥ 344 ➡ □□□ (0 0)

⑦ 636 ➡ □□□ (0 0)

⑧ 217 ➡ □□□ (0 0)

⑨ 151 ➡ □□□ (100↑)

⑩ 391 ➡ □□□ (100↑)

⑪ 361 ➡ □□□ (100↑)

⑫ 133 ➡ □□□ (0 0)

⑬ 276 ➡ □□□ (100↑)

⑭ 597 ➡ □□□ (100↑)

⑮ 885 ➡ □□□ (100↑)

⑯ 556 ➡ □□□ (100↑)

⑰ 741 ➡ □□□ (0 0)

⑱ 166 ➡ □□□ (100↑)

⑲ 656 ➡ □□□ (100↑)

⑳ 438 ➡ □□□ (0 0)

㉑ 891 ➡ □□□ (100↑)

정답 93쪽

공부한 날짜	맞힌 개수	걸린 시간
월 일	/42	분

반올림하여 백의 자리까지 나타내세요.

㉒ 814 ➡ ( )　㉙ 241 ➡ ( )　㊱ 548 ➡ ( )

㉓ 358 ➡ ( )　㉚ 795 ➡ ( )　㊲ 461 ➡ ( )

㉔ 681 ➡ ( )　㉛ 529 ➡ ( )　㊳ 856 ➡ ( )

㉕ 725 ➡ ( )　㉜ 143 ➡ ( )　㊴ 135 ➡ ( )

㉖ 842 ➡ ( )　㉝ 253 ➡ ( )　㊵ 428 ➡ ( )

㉗ 328 ➡ ( )　㉞ 613 ➡ ( )　㊶ 172 ➡ ( )

㉘ 642 ➡ ( )　㉟ 261 ➡ ( )　㊷ 378 ➡ ( )

(진분수)×(자연수)

□ 안에 알맞은 수를 써넣으세요.

❶ $\frac{5}{14}\times 12=\frac{5\times\square}{14}=\frac{\square}{14}=\frac{\square}{7}=\square\frac{\square}{7}$

분자와 자연수를 곱한 후 약분하여 계산해요.

❷ $\frac{1}{10}\times 15=\frac{1\times\square}{10}=\frac{\square}{10}=\frac{\square}{2}=\square\frac{\square}{2}$

❸ $\frac{13}{15}\times 5=\frac{13\times\square}{15}=\frac{\square}{15}=\frac{\square}{3}=\square\frac{\square}{3}$

❹ $\frac{1}{6}\times 10=\frac{1\times\square}{6}=\frac{\square}{6}=\frac{\square}{3}=\square\frac{\square}{3}$

❺ $\frac{7}{16}\times 24=\frac{7\times\square}{16}=\frac{\square}{16}=\frac{\square}{2}=\square\frac{\square}{2}$

❻ $\frac{2}{15}\times 25=\frac{2\times\square}{15}=\frac{\square}{15}=\frac{\square}{3}=\square\frac{\square}{3}$

❼ $\frac{7}{10}\times 2=\frac{7\times\square}{10}=\frac{\square}{10}=\frac{\square}{5}=\square\frac{\square}{5}$

❽ $\frac{2}{9}\times 12=\frac{2\times\square}{9}=\frac{\square}{9}=\frac{\square}{3}=\square\frac{\square}{3}$

❾ $\frac{3}{16}\times 18=\frac{3\times\square}{16}=\frac{\square}{16}=\frac{\square}{8}=\square\frac{\square}{8}$

❿ $\frac{11}{14}\times 8=\frac{11\times\square}{14}=\frac{\square}{14}=\frac{\square}{7}=\square\frac{\square}{7}$

정답 94쪽

공부한 날짜	맞힌 개수	걸린 시간
월 일	/28	분

곱셈을 하세요.

⑪ $\frac{8}{15} \times 25$

⑫ $\frac{5}{9} \times 27$

⑬ $\frac{2}{9} \times 45$

⑭ $\frac{1}{7} \times 35$

⑮ $\frac{9}{14} \times 28$

⑯ $\frac{1}{3} \times 15$

⑰ $\frac{1}{9} \times 27$

⑱ $\frac{1}{8} \times 32$

⑲ $\frac{5}{6} \times 24$

⑳ $\frac{11}{15} \times 10$

㉑ $\frac{1}{2} \times 4$

㉒ $\frac{3}{10} \times 18$

㉓ $\frac{7}{12} \times 2$

㉔ $\frac{2}{5} \times 20$

㉕ $\frac{13}{14} \times 22$

㉖ $\frac{3}{4} \times 8$

㉗ $\frac{8}{9} \times 27$

㉘ $\frac{3}{7} \times 35$

02 (진분수)×(자연수)

□ 안에 알맞은 수를 써넣으세요.

❶ $\frac{5}{12}\times27=\frac{5\times\square}{12}=\frac{\square}{4}=\square\frac{\square}{4}$

곱하는 과정에서 약분하여 계산해요.

❷ $\frac{9}{25}\times20=\frac{9\times\square}{25}=\frac{\square}{5}=\square\frac{\square}{5}$

❸ $\frac{3}{20}\times15=\frac{3\times\square}{20}=\frac{\square}{4}=\square\frac{\square}{4}$

❹ $\frac{5}{14}\times22=\frac{5\times\square}{14}=\frac{\square}{7}=\square\frac{\square}{7}$

❺ $\frac{5}{42}\times35=\frac{5\times\square}{42}=\frac{\square}{6}=\square\frac{\square}{6}$

❻ $\frac{3}{10}\times15=\frac{3\times\square}{10}=\frac{\square}{2}=\square\frac{\square}{2}$

❼ $\frac{5}{8}\times12=\frac{5\times\square}{8}=\frac{\square}{2}=\square\frac{\square}{2}$

❽ $\frac{11}{12}\times16=\frac{11\times\square}{12}=\frac{\square}{3}=\square\frac{\square}{3}$

❾ $\frac{3}{40}\times32=\frac{3\times\square}{40}=\frac{\square}{5}=\square\frac{\square}{5}$

❿ $\frac{7}{15}\times5=\frac{7\times\square}{15}=\frac{\square}{3}=\square\frac{\square}{3}$

정답 94쪽

공부한 날짜	맞힌 개수	걸린 시간
월 일	/28	분

곱셈을 하세요.

⑪ $\frac{1}{3}\times6$

⑫ $\frac{7}{8}\times32$

⑬ $\frac{1}{15}\times10$

⑭ $\frac{13}{14}\times18$

⑮ $\frac{1}{4}\times20$

⑯ $\frac{2}{7}\times14$

⑰ $\frac{11}{14}\times12$

⑱ $\frac{8}{15}\times5$

⑲ $\frac{1}{5}\times10$

⑳ $\frac{4}{9}\times36$

㉑ $\frac{7}{10}\times12$

㉒ $\frac{1}{12}\times8$

㉓ $\frac{5}{6}\times30$

㉔ $\frac{4}{7}\times14$

㉕ $\frac{13}{15}\times10$

㉖ $\frac{7}{15}\times20$

㉗ $\frac{1}{2}\times14$

㉘ $\frac{4}{5}\times15$

03 (대분수)×(자연수)

□ 안에 알맞은 수를 써넣으세요.

① $1\frac{1}{9}\times2=\frac{\square}{9}\times2=\frac{\square\times2}{9}$
$=\frac{\square}{9}=\square\frac{\square}{9}$

대분수를 가분수로 바꾸어 계산해요.

② $2\frac{2}{9}\times3=\frac{\square}{9}\times3=\frac{\square\times3}{9}$
$=\frac{\square}{3}=\square\frac{\square}{3}$

③ $2\frac{7}{9}\times3=\frac{\square}{9}\times3=\frac{\square\times3}{9}$
$=\frac{\square}{3}=\square\frac{\square}{3}$

④ $1\frac{5}{8}\times2=\frac{\square}{8}\times2=\frac{\square\times2}{8}$
$=\frac{\square}{4}=\square\frac{\square}{4}$

⑤ $2\frac{5}{7}\times3=\frac{\square}{7}\times3=\frac{\square\times3}{7}$
$=\frac{\square}{7}=\square\frac{\square}{7}$

⑥ $1\frac{8}{9}\times6=\frac{\square}{9}\times6=\frac{\square\times6}{9}$
$=\frac{\square}{3}=\square\frac{\square}{3}$

⑦ $1\frac{5}{9}\times4=\frac{\square}{9}\times4=\frac{\square\times4}{9}$
$=\frac{\square}{9}=\square\frac{\square}{9}$

⑧ $2\frac{5}{8}\times5=\frac{\square}{8}\times5=\frac{\square\times5}{8}$
$=\frac{\square}{8}=\square\frac{\square}{8}$

⑨ $2\frac{1}{8}\times3=\frac{\square}{8}\times3=\frac{\square\times3}{8}$
$=\frac{\square}{8}=\square\frac{\square}{8}$

⑩ $1\frac{2}{9}\times2=\frac{\square}{9}\times2=\frac{\square\times2}{9}$
$=\frac{\square}{9}=\square\frac{\square}{9}$

정답 94쪽

공부한 날짜	맞힌 개수	걸린 시간
월 일	/28	분

곱셈을 하세요.

⑪ $2\frac{5}{9}\times7$

⑫ $1\frac{4}{9}\times6$

⑬ $1\frac{2}{7}\times4$

⑭ $2\frac{7}{8}\times3$

⑮ $2\frac{2}{7}\times3$

⑯ $3\frac{1}{4}\times5$

⑰ $1\frac{4}{7}\times6$

⑱ $1\frac{6}{7}\times6$

⑲ $1\frac{1}{9}\times6$

⑳ $1\frac{7}{9}\times6$

㉑ $1\frac{5}{9}\times6$

㉒ $1\frac{5}{6}\times6$

㉓ $1\frac{7}{8}\times6$

㉔ $2\frac{2}{3}\times3$

㉕ $1\frac{8}{9}\times4$

㉖ $1\frac{1}{7}\times6$

㉗ $1\frac{2}{9}\times6$

㉘ $1\frac{4}{9}\times4$

04 (대분수)×(자연수)

◆ $\square$ 안에 알맞은 수를 써넣으세요.

❶ $1\frac{1}{6}\times4=(1\times\square)+\left(\frac{1}{6}\times\square\right)$

$=\square+\frac{\square}{3}=\square\frac{\square}{3}$

대분수의 자연수 1과 진분수 $\frac{1}{6}$에 각각 자연수 4를 곱해요.

❷ $2\frac{2}{3}\times7=(2\times\square)+\left(\frac{2}{3}\times\square\right)$

$=\square+\frac{\square}{3}=\square\frac{\square}{3}$

❸ $2\frac{1}{6}\times7=(2\times\square)+\left(\frac{1}{6}\times\square\right)$

$=\square+\frac{\square}{6}=\square\frac{\square}{6}$

❹ $1\frac{1}{3}\times8=(1\times\square)+\left(\frac{1}{3}\times\square\right)$

$=\square+\frac{\square}{3}=\square\frac{\square}{3}$

❺ $2\frac{3}{5}\times3=(2\times\square)+\left(\frac{3}{5}\times\square\right)$

$=\square+\frac{\square}{5}=\square\frac{\square}{5}$

❻ $2\frac{1}{2}\times5=(2\times\square)+\left(\frac{1}{2}\times\square\right)$

$=\square+\frac{\square}{2}=\square\frac{\square}{2}$

❼ $1\frac{5}{6}\times4=(1\times\square)+\left(\frac{5}{6}\times\square\right)$

$=\square+\frac{\square}{3}=\square\frac{\square}{3}$

❽ $1\frac{2}{5}\times2=(1\times\square)+\left(\frac{2}{5}\times\square\right)$

$=\square+\frac{\square}{5}=\square\frac{\square}{5}$

❾ $2\frac{3}{4}\times7=(2\times\square)+\left(\frac{3}{4}\times\square\right)$

$=\square+\frac{\square}{4}=\square\frac{\square}{4}$

❿ $1\frac{1}{5}\times2=(1\times\square)+\left(\frac{1}{5}\times\square\right)$

$=\square+\frac{\square}{5}=\square\frac{\square}{5}$

정답 94쪽

공부한 날짜	맞힌 개수	걸린 시간
월 일	/28	분

곱셈을 하세요.

⑪ $2\frac{1}{6} \times 3$

⑫ $1\frac{3}{4} \times 6$

⑬ $2\frac{1}{7} \times 3$

⑭ $2\frac{4}{5} \times 5$

⑮ $1\frac{2}{3} \times 6$

⑯ $1\frac{3}{5} \times 6$

⑰ $1\frac{1}{4} \times 6$

⑱ $2\frac{6}{7} \times 7$

⑲ $1\frac{1}{2} \times 6$

⑳ $1\frac{3}{7} \times 6$

㉑ $1\frac{7}{8} \times 2$

㉒ $2\frac{1}{5} \times 5$

㉓ $2\frac{2}{7} \times 7$

㉔ $2\frac{2}{5} \times 7$

㉕ $2\frac{1}{8} \times 7$

㉖ $2\frac{5}{6} \times 5$

㉗ $2\frac{1}{3} \times 7$

㉘ $2\frac{5}{7} \times 5$

05 (자연수)×(진분수)

□ 안에 알맞은 수를 써넣으세요.

❶ $16 \times \frac{9}{10} = \frac{\overset{\square}{\cancel{16}} \times \square}{\underset{\square}{\cancel{10}}} = \frac{\square}{\square} = \square\frac{\square}{\square}$

자연수와 분자를 곱하는 과정에서 약분하여 계산해요.

❷ $5 \times \frac{8}{15} = \frac{\overset{\square}{\cancel{5}} \times \square}{\underset{\square}{\cancel{15}}} = \frac{\square}{\square} = \square\frac{\square}{\square}$

❸ $20 \times \frac{7}{15} = \frac{\overset{\square}{\cancel{20}} \times \square}{\underset{\square}{\cancel{15}}} = \frac{\square}{\square} = \square\frac{\square}{\square}$

❹ $27 \times \frac{8}{15} = \frac{\overset{\square}{\cancel{27}} \times \square}{\underset{\square}{\cancel{15}}} = \frac{\square}{\square} = \square\frac{\square}{\square}$

❺ $28 \times \frac{1}{12} = \frac{\overset{\square}{\cancel{28}} \times \square}{\underset{\square}{\cancel{12}}} = \frac{\square}{\square} = \square\frac{\square}{\square}$

❻ $8 \times \frac{7}{10} = \frac{\overset{\square}{\cancel{8}} \times \square}{\underset{\square}{\cancel{10}}} = \frac{\square}{\square} = \square\frac{\square}{\square}$

❼ $10 \times \frac{5}{6} = \frac{\overset{\square}{\cancel{10}} \times \square}{\underset{\square}{\cancel{6}}} = \frac{\square}{\square} = \square\frac{\square}{\square}$

❽ $9 \times \frac{5}{6} = \frac{\overset{\square}{\cancel{9}} \times \square}{\underset{\square}{\cancel{6}}} = \frac{\square}{\square} = \square\frac{\square}{\square}$

정답 95쪽

공부한 날짜	맞힌 개수	걸린 시간
월 일	/26	분

곱셈을 하세요.

⑨ $6 \times \frac{2}{9}$

⑩ $18 \times \frac{7}{24}$

⑪ $28 \times \frac{3}{7}$

⑫ $22 \times \frac{13}{14}$

⑬ $12 \times \frac{7}{8}$

⑭ $28 \times \frac{3}{20}$

⑮ $16 \times \frac{5}{12}$

⑯ $14 \times \frac{3}{10}$

⑰ $18 \times \frac{3}{10}$

⑱ $35 \times \frac{6}{7}$

⑲ $10 \times \frac{3}{14}$

⑳ $2 \times \frac{1}{14}$

㉑ $15 \times \frac{5}{18}$

㉒ $10 \times \frac{4}{25}$

㉓ $3 \times \frac{2}{15}$

㉔ $18 \times \frac{6}{9}$

㉕ $36 \times \frac{5}{9}$

㉖ $8 \times \frac{9}{10}$

06 (자연수)×(진분수)

□ 안에 알맞은 수를 써넣으세요.

❶ $\overset{\square}{\cancel{22}} \times \dfrac{5}{\underset{\square}{\cancel{14}}} = \dfrac{\square}{\square} = \square\dfrac{\square}{\square}$

자연수와 분모를 약분한 후 계산해요.

❷ $\overset{\square}{\cancel{18}} \times \dfrac{7}{\underset{\square}{\cancel{20}}} = \dfrac{\square}{\square} = \square\dfrac{\square}{\square}$

❸ $\overset{\square}{\cancel{16}} \times \dfrac{7}{\underset{\square}{\cancel{24}}} = \dfrac{\square}{\square} = \square\dfrac{\square}{\square}$

❹ $\overset{\square}{\cancel{10}} \times \dfrac{4}{\underset{\square}{\cancel{15}}} = \dfrac{\square}{\square} = \square\dfrac{\square}{\square}$

❺ $\overset{\square}{\cancel{10}} \times \dfrac{7}{\underset{\square}{\cancel{15}}} = \dfrac{\square}{\square} = \square\dfrac{\square}{\square}$

❻ $\overset{\square}{\cancel{20}} \times \dfrac{2}{\underset{\square}{\cancel{25}}} = \dfrac{\square}{\square} = \square\dfrac{\square}{\square}$

❼ $\overset{\square}{\cancel{6}} \times \dfrac{2}{\underset{\square}{\cancel{9}}} = \dfrac{\square}{\square} = \square\dfrac{\square}{\square}$

❽ $\overset{\square}{\cancel{32}} \times \dfrac{3}{\underset{\square}{\cancel{40}}} = \dfrac{\square}{\square} = \square\dfrac{\square}{\square}$

❾ $\overset{\square}{\cancel{5}} \times \dfrac{7}{\underset{\square}{\cancel{10}}} = \dfrac{\square}{\square} = \square\dfrac{\square}{\square}$

❿ $\overset{\square}{\cancel{18}} \times \dfrac{3}{\underset{\square}{\cancel{20}}} = \dfrac{\square}{\square} = \square\dfrac{\square}{\square}$

⓫ $\overset{\square}{\cancel{21}} \times \dfrac{5}{\underset{\square}{\cancel{18}}} = \dfrac{\square}{\square} = \square\dfrac{\square}{\square}$

⓬ $\overset{\square}{\cancel{4}} \times \dfrac{7}{\underset{\square}{\cancel{12}}} = \dfrac{\square}{\square} = \square\dfrac{\square}{\square}$

정답 95쪽

공부한 날짜	맞힌 개수	걸린 시간
월 일	/30	분

곱셈을 하세요.

⑬ $21 \times \frac{2}{9}$

⑲ $8 \times \frac{7}{12}$

㉕ $15 \times \frac{5}{18}$

⑭ $15 \times \frac{7}{24}$

⑳ $5 \times \frac{1}{15}$

㉖ $14 \times \frac{3}{28}$

⑮ $10 \times \frac{3}{20}$

㉑ $16 \times \frac{3}{20}$

㉗ $6 \times \frac{3}{14}$

⑯ $12 \times \frac{5}{21}$

㉒ $16 \times \frac{11}{14}$

㉘ $35 \times \frac{7}{15}$

⑰ $3 \times \frac{13}{15}$

㉓ $10 \times \frac{5}{8}$

㉙ $4 \times \frac{3}{10}$

⑱ $20 \times \frac{5}{6}$

㉔ $12 \times \frac{9}{20}$

㉚ $14 \times \frac{3}{16}$

07 (자연수)×(대분수)

□ 안에 알맞은 수를 써넣으세요.

❶ $2\times1\frac{3}{7}=2\times\frac{\square}{7}=\frac{2\times\square}{7}$
$=\frac{\square}{7}=\square\frac{\square}{7}$

대분수를 가분수로 바꾸어 계산해요.

❷ $5\times2\frac{5}{8}=5\times\frac{\square}{8}=\frac{5\times\square}{8}$
$=\frac{\square}{8}=\square\frac{\square}{8}$

❸ $2\times1\frac{3}{5}=2\times\frac{\square}{5}=\frac{2\times\square}{5}$
$=\frac{\square}{5}=\square\frac{\square}{5}$

❹ $3\times2\frac{8}{9}=3\times\frac{\square}{9}=\frac{3\times\square}{9}$
$=\frac{\square}{3}=\square\frac{\square}{3}$

❺ $5\times2\frac{3}{4}=5\times\frac{\square}{4}=\frac{5\times\square}{4}$
$=\frac{\square}{4}=\square\frac{\square}{4}$

❻ $5\times2\frac{5}{9}=5\times\frac{\square}{9}=\frac{5\times\square}{9}$
$=\frac{\square}{9}=\square\frac{\square}{9}$

❼ $7\times1\frac{1}{2}=7\times\frac{\square}{2}=\frac{7\times\square}{2}$
$=\frac{\square}{2}=\square\frac{\square}{2}$

❽ $3\times2\frac{4}{5}=3\times\frac{\square}{5}=\frac{3\times\square}{5}$
$=\frac{\square}{5}=\square\frac{\square}{5}$

❾ $3\times2\frac{1}{4}=3\times\frac{\square}{4}=\frac{3\times\square}{4}$
$=\frac{\square}{4}=\square\frac{\square}{4}$

❿ $5\times2\frac{1}{3}=5\times\frac{\square}{3}=\frac{5\times\square}{3}$
$=\frac{\square}{3}=\square\frac{\square}{3}$

정답 95쪽

공부한 날짜	맞힌 개수	걸린 시간
월 일	/28	분

곱셈을 하세요.

⑪ $7 \times 2\frac{5}{7}$

⑰ $3 \times 2\frac{1}{2}$

㉓ $7 \times 2\frac{1}{9}$

⑫ $5 \times 1\frac{1}{3}$

⑱ $2 \times 1\frac{7}{8}$

㉔ $3 \times 2\frac{5}{7}$

⑬ $5 \times 2\frac{4}{9}$

⑲ $3 \times 2\frac{3}{4}$

㉕ $5 \times 2\frac{7}{8}$

⑭ $5 \times 2\frac{6}{7}$

⑳ $7 \times 2\frac{1}{6}$

㉖ $7 \times 2\frac{2}{5}$

⑮ $3 \times 2\frac{2}{7}$

㉑ $5 \times 2\frac{2}{3}$

㉗ $2 \times 1\frac{1}{3}$

⑯ $4 \times 1\frac{1}{7}$

㉒ $3 \times 2\frac{1}{5}$

㉘ $7 \times 2\frac{3}{8}$

08 (자연수)×(대분수)

□ 안에 알맞은 수를 써넣으세요.

❶ $6\times1\frac{1}{4}=(\square\times1)+\left(\square\times\frac{1}{4}\right)$

$=\square+\frac{\square}{2}=\square\frac{\square}{2}$

자연수 6을 대분수의 자연수 1과 대분수의 진분수 $\frac{1}{4}$에 각각 곱해요.

❷ $7\times2\frac{5}{8}=(\square\times2)+\left(\square\times\frac{5}{8}\right)$

$=\square+\frac{\square}{8}=\square\frac{\square}{8}$

❸ $6\times1\frac{1}{9}=(\square\times1)+\left(\square\times\frac{1}{9}\right)$

$=\square+\frac{\square}{3}=\square\frac{\square}{3}$

❹ $2\times1\frac{4}{7}=(\square\times1)+\left(\square\times\frac{4}{7}\right)$

$=\square+\frac{\square}{7}=\square\frac{\square}{7}$

❺ $2\times1\frac{1}{5}=(\square\times1)+\left(\square\times\frac{1}{5}\right)$

$=\square+\frac{\square}{5}=\square\frac{\square}{5}$

❻ $6\times1\frac{6}{7}=(\square\times1)+\left(\square\times\frac{6}{7}\right)$

$=\square+\frac{\square}{7}=\square\frac{\square}{7}$

❼ $6\times1\frac{2}{7}=(\square\times1)+\left(\square\times\frac{2}{7}\right)$

$=\square+\frac{\square}{7}=\square\frac{\square}{7}$

❽ $6\times1\frac{7}{8}=(\square\times1)+\left(\square\times\frac{7}{8}\right)$

$=\square+\frac{\square}{4}=\square\frac{\square}{4}$

❾ $3\times1\frac{1}{2}=(\square\times1)+\left(\square\times\frac{1}{2}\right)$

$=\square+\frac{\square}{2}=\square\frac{\square}{2}$

❿ $2\times1\frac{2}{5}=(\square\times1)+\left(\square\times\frac{2}{5}\right)$

$=\square+\frac{\square}{5}=\square\frac{\square}{5}$

정답 95쪽

공부한 날짜	맞힌 개수	걸린 시간
월 일	/31	분

곱셈을 하세요.

⑪ $7\times2\frac{1}{3}$

⑫ $3\times2\frac{2}{3}$

⑬ $6\times1\frac{3}{5}$

⑭ $4\times1\frac{1}{3}$

⑮ $2\times1\frac{6}{7}$

⑯ $2\times1\frac{2}{9}$

⑰ $3\times2\frac{1}{7}$

⑱ $3\times2\frac{3}{7}$

⑲ $3\times2\frac{1}{9}$

⑳ $5\times2\frac{1}{3}$

㉑ $4\times1\frac{5}{8}$

㉒ $6\times1\frac{4}{5}$

㉓ $7\times2\frac{5}{6}$

㉔ $7\times2\frac{7}{9}$

㉕ $5\times1\frac{2}{3}$

㉖ $2\times1\frac{5}{6}$

㉗ $2\times1\frac{3}{7}$

㉘ $4\times1\frac{2}{3}$

㉙ $2\times1\frac{1}{8}$

㉚ $7\times2\frac{2}{7}$

㉛ $4\times1\frac{2}{9}$

09 (진분수)×(진분수)

□ 안에 알맞은 수를 써넣으세요.

❶ $\frac{1}{4} \times \frac{1}{5} = \frac{1}{\square \times \square} = \frac{1}{\square}$

분자 1은 그대로 두고 분모끼리 곱해요.

❷ $\frac{1}{2} \times \frac{1}{4} = \frac{1}{\square \times \square} = \frac{1}{\square}$

❸ $\frac{1}{9} \times \frac{1}{10} = \frac{1}{\square \times \square} = \frac{1}{\square}$

❹ $\frac{1}{3} \times \frac{1}{5} = \frac{1}{\square \times \square} = \frac{1}{\square}$

❺ $\frac{1}{5} \times \frac{1}{6} = \frac{1}{\square \times \square} = \frac{1}{\square}$

❻ $\frac{1}{5} \times \frac{1}{11} = \frac{1}{\square \times \square} = \frac{1}{\square}$

❼ $\frac{1}{3} \times \frac{1}{10} = \frac{1}{\square \times \square} = \frac{1}{\square}$

❽ $\frac{1}{2} \times \frac{1}{12} = \frac{1}{\square \times \square} = \frac{1}{\square}$

❾ $\frac{1}{3} \times \frac{1}{3} = \frac{1}{\square \times \square} = \frac{1}{\square}$

❿ $\frac{1}{9} \times \frac{1}{11} = \frac{1}{\square \times \square} = \frac{1}{\square}$

⓫ $\frac{1}{2} \times \frac{1}{6} = \frac{1}{\square \times \square} = \frac{1}{\square}$

⓬ $\frac{1}{7} \times \frac{1}{11} = \frac{1}{\square \times \square} = \frac{1}{\square}$

정답 96쪽

공부한 날짜	맞힌 개수	걸린 시간
월 일	/30	분

곱셈을 하세요.

⑬ $\frac{1}{3} \times \frac{1}{7}$

⑲ $\frac{1}{10} \times \frac{1}{12}$

㉕ $\frac{1}{4} \times \frac{1}{11}$

⑭ $\frac{1}{4} \times \frac{1}{6}$

⑳ $\frac{1}{5} \times \frac{1}{7}$

㉖ $\frac{1}{2} \times \frac{1}{9}$

⑮ $\frac{1}{3} \times \frac{1}{12}$

㉑ $\frac{1}{8} \times \frac{1}{10}$

㉗ $\frac{1}{5} \times \frac{1}{12}$

⑯ $\frac{1}{8} \times \frac{1}{11}$

㉒ $\frac{1}{2} \times \frac{1}{10}$

㉘ $\frac{1}{10} \times \frac{1}{11}$

⑰ $\frac{1}{2} \times \frac{1}{8}$

㉓ $\frac{1}{4} \times \frac{1}{12}$

㉙ $\frac{1}{4} \times \frac{1}{7}$

⑱ $\frac{1}{5} \times \frac{1}{5}$

㉔ $\frac{1}{5} \times \frac{1}{10}$

㉚ $\frac{1}{3} \times \frac{1}{6}$

10 (진분수)×(진분수)

□ 안에 알맞은 수를 써넣으세요.

❶ $\frac{5}{9} \times \frac{3}{14} = \frac{\square \times \square}{\square \times \square} = \frac{\square}{126} = \frac{\square}{42}$

❷ $\frac{3}{5} \times \frac{4}{15} = \frac{\square \times \square}{\square \times \square} = \frac{\square}{75} = \frac{\square}{25}$

❸ $\frac{2}{3} \times \frac{1}{8} = \frac{\square \times \square}{\square \times \square} = \frac{\square}{24} = \frac{\square}{12}$

❹ $\frac{4}{7} \times \frac{9}{14} = \frac{\square \times \square}{\square \times \square} = \frac{\square}{98} = \frac{\square}{49}$

❺ $\frac{2}{5} \times \frac{7}{10} = \frac{\square \times \square}{\square \times \square} = \frac{\square}{50} = \frac{\square}{25}$

❻ $\frac{3}{5} \times \frac{1}{15} = \frac{\square \times \square}{\square \times \square} = \frac{\square}{75} = \frac{\square}{25}$

❼ $\frac{3}{4} \times \frac{2}{9} = \frac{\square \times \square}{\square \times \square} = \frac{\square}{36} = \frac{\square}{6}$

❽ $\frac{9}{10} \times \frac{5}{18} = \frac{\square \times \square}{\square \times \square} = \frac{\square}{180} = \frac{\square}{4}$

❾ $\frac{4}{5} \times \frac{7}{20} = \frac{\square \times \square}{\square \times \square} = \frac{\square}{100} = \frac{\square}{25}$

❿ $\frac{3}{5} \times \frac{8}{15} = \frac{\square \times \square}{\square \times \square} = \frac{\square}{75} = \frac{\square}{25}$

정답 96쪽

공부한 날짜	맞힌 개수	걸린 시간
월 일	/22	분

약분 한 후 계산하려고 합니다. □ 안에 알맞은 수를 써넣으세요.

⑪ $\frac{2}{3} \times \frac{7}{8} = \frac{\square}{\square}$

⑫ $\frac{3}{8} \times \frac{5}{12} = \frac{\square}{\square}$

⑬ $\frac{4}{5} \times \frac{7}{20} = \frac{\square}{\square}$

⑭ $\frac{8}{9} \times \frac{7}{10} = \frac{\square}{\square}$

⑮ $\frac{4}{9} \times \frac{1}{10} = \frac{\square}{\square}$

⑯ $\frac{3}{4} \times \frac{4}{15} = \frac{\square}{\square}$

⑰ $\frac{2}{5} \times \frac{11}{16} = \frac{\square}{\square}$

⑱ $\frac{3}{4} \times \frac{11}{15} = \frac{\square}{\square}$

⑲ $\frac{7}{8} \times \frac{5}{14} = \frac{\square}{\square}$

⑳ $\frac{5}{6} \times \frac{9}{24} = \frac{\square}{\square}$

㉑ $\frac{2}{3} \times \frac{1}{10} = \frac{\square}{\square}$

㉒ $\frac{6}{7} \times \frac{5}{14} = \frac{\square}{\square}$

11 (대분수)×(대분수)

◈ □ 안에 알맞은 수를 써넣으세요.

❶ $1\frac{2}{7}\times1\frac{3}{4}=\frac{\square}{7}\times\frac{\square}{4}$

$=\frac{\square\times\square}{7\times4}=\frac{\square}{4}=\square\frac{\square}{4}$

대분수를 가분수로 바꾼 후 분자는 분자끼리, 분모는 분모끼리 곱해요.

❷ $1\frac{5}{7}\times2\frac{1}{2}=\frac{\square}{7}\times\frac{\square}{2}$

$=\frac{\square\times\square}{7\times2}=\frac{\square}{7}=\square\frac{\square}{7}$

❸ $2\frac{2}{5}\times2\frac{2}{10}=\frac{\square}{5}\times\frac{\square}{10}$

$=\frac{\square\times\square}{5\times10}=\frac{\square}{25}=\square\frac{\square}{25}$

❹ $2\frac{2}{9}\times2\frac{3}{10}=\frac{\square}{9}\times\frac{\square}{10}$

$=\frac{\square\times\square}{9\times10}=\frac{\square}{9}=\square\frac{\square}{9}$

❺ $1\frac{2}{7}\times1\frac{3}{18}=\frac{\square}{7}\times\frac{\square}{18}$

$=\frac{\square\times\square}{7\times18}=\frac{\square}{2}=\square\frac{\square}{2}$

❻ $1\frac{2}{3}\times3\frac{2}{5}=\frac{\square}{3}\times\frac{\square}{5}$

$=\frac{\square\times\square}{3\times5}=\frac{\square}{3}=\square\frac{\square}{3}$

❼ $2\frac{3}{4}\times2\frac{2}{3}=\frac{\square}{4}\times\frac{\square}{3}$

$=\frac{\square\times\square}{4\times3}=\frac{\square}{3}=\square\frac{\square}{3}$

❽ $2\frac{5}{6}\times2\frac{4}{17}=\frac{\square}{6}\times\frac{\square}{17}$

$=\frac{\square\times\square}{6\times17}=\frac{\square}{3}=\square\frac{\square}{3}$

❾ $1\frac{4}{5}\times1\frac{5}{12}=\frac{\square}{5}\times\frac{\square}{12}$

$=\frac{\square\times\square}{5\times12}=\frac{\square}{20}=\square\frac{\square}{20}$

❿ $2\frac{1}{3}\times2\frac{1}{4}=\frac{\square}{3}\times\frac{\square}{4}$

$=\frac{\square\times\square}{3\times4}=\frac{\square}{4}=\square\frac{\square}{4}$

정답 96쪽

공부한 날짜	맞힌 개수	걸린 시간
월 일	/28	분

곱셈을 하세요.

⑪ $1\frac{1}{3} \times 1\frac{3}{8}$

⑫ $1\frac{3}{5} \times 1\frac{7}{18}$

⑬ $2\frac{3}{5} \times 2\frac{11}{12}$

⑭ $1\frac{5}{7} \times 1\frac{3}{16}$

⑮ $1\frac{4}{5} \times 1\frac{4}{9}$

⑯ $3\frac{3}{4} \times 2\frac{8}{15}$

⑰ $2\frac{5}{6} \times 1\frac{9}{17}$

⑱ $2\frac{1}{3} \times 2\frac{7}{10}$

⑲ $2\frac{4}{7} \times 1\frac{1}{9}$

⑳ $2\frac{1}{4} \times 1\frac{2}{9}$

㉑ $2\frac{3}{8} \times 2\frac{1}{19}$

㉒ $2\frac{1}{2} \times 2\frac{12}{25}$

㉓ $2\frac{2}{5} \times 2\frac{1}{20}$

㉔ $2\frac{2}{3} \times 2\frac{1}{10}$

㉕ $2\frac{2}{3} \times 2\frac{7}{10}$

㉖ $1\frac{4}{7} \times 1\frac{4}{11}$

㉗ $2\frac{2}{3} \times 2\frac{11}{12}$

㉘ $2\frac{3}{5} \times 1\frac{5}{13}$

12 (대분수)×(대분수)

□ 안에 알맞은 수를 써넣으세요.

❶ $1\frac{3}{7} \times 1\frac{5}{6} = \frac{\square}{7} \times \frac{\square}{6}$

$= \frac{\square}{21} = \square\frac{\square}{21}$

대분수를 가분수로 바꾼 후 약분하여 계산해요.

❷ $2\frac{2}{3} \times 2\frac{1}{2} = \frac{\square}{3} \times \frac{\square}{2}$

$= \frac{\square}{3} = \square\frac{\square}{3}$

❸ $1\frac{5}{9} \times 1\frac{1}{7} = \frac{\square}{9} \times \frac{\square}{7}$

$= \frac{\square}{9} = \square\frac{\square}{9}$

❹ $1\frac{4}{5} \times 1\frac{11}{14} = \frac{\square}{5} \times \frac{\square}{14}$

$= \frac{\square}{14} = \square\frac{\square}{14}$

❺ $2\frac{7}{9} \times 2\frac{6}{15} = \frac{\square}{9} \times \frac{\square}{15}$

$= \frac{\square}{3} = \square\frac{\square}{3}$

❻ $2\frac{3}{5} \times 1\frac{3}{13} = \frac{\square}{5} \times \frac{\square}{13}$

$= \frac{\square}{5} = \square\frac{\square}{5}$

❼ $2\frac{4}{9} \times 2\frac{7}{10} = \frac{\square}{9} \times \frac{\square}{10}$

$= \frac{\square}{5} = \square\frac{\square}{5}$

❽ $2\frac{1}{4} \times 2\frac{8}{9} = \frac{\square}{4} \times \frac{\square}{9}$

$= \frac{\square}{2} = \square\frac{\square}{2}$

❾ $2\frac{2}{7} \times 1\frac{1}{8} = \frac{\square}{7} \times \frac{\square}{8}$

$= \frac{\square}{7} = \square\frac{\square}{7}$

❿ $1\frac{3}{5} \times 1\frac{5}{16} = \frac{\square}{5} \times \frac{\square}{16}$

$= \frac{\square}{10} = \square\frac{\square}{10}$

정답 96쪽

공부한 날짜	맞힌 개수	걸린 시간
월 일	/28	분

곱셈을 하세요.

⑪ $2\frac{1}{3}\times1\frac{3}{7}$

⑰ $1\frac{4}{5}\times1\frac{8}{9}$

㉓ $2\frac{4}{5}\times3\frac{2}{11}$

⑫ $2\frac{3}{5}\times2\frac{7}{9}$

⑱ $2\frac{4}{5}\times1\frac{19}{28}$

㉔ $2\frac{8}{9}\times2\frac{7}{10}$

⑬ $3\frac{3}{5}\times1\frac{7}{9}$

⑲ $1\frac{5}{8}\times1\frac{3}{5}$

㉕ $2\frac{3}{4}\times2\frac{7}{11}$

⑭ $1\frac{3}{8}\times1\frac{1}{15}$

⑳ $1\frac{3}{4}\times1\frac{11}{14}$

㉖ $1\frac{5}{6}\times1\frac{11}{25}$

⑮ $1\frac{4}{9}\times1\frac{4}{13}$

㉑ $1\frac{4}{5}\times2\frac{1}{9}$

㉗ $2\frac{1}{5}\times1\frac{7}{18}$

⑯ $1\frac{6}{7}\times1\frac{8}{13}$

㉒ $2\frac{6}{7}\times1\frac{1}{10}$

㉘ $2\frac{3}{5}\times2\frac{8}{13}$

13 세 분수의 곱셈

□ 안에 알맞은 수를 써넣으세요.

❶ $\frac{2}{3} \times \frac{5}{9} \times \frac{3}{5} = \frac{\square \times 5 \times 3}{\square \times 9 \times 5} = \frac{\square}{\square}$

분모는 분모끼리, 분자는 분자끼리 곱하는 과정에서 약분을 해요.

❷ $\frac{2}{9} \times \frac{1}{7} \times \frac{3}{4} = \frac{2 \times \square \times 3}{9 \times \square \times 4} = \frac{\square}{\square}$

❸ $\frac{3}{4} \times \frac{5}{6} \times \frac{3}{10} = \frac{3 \times 5 \times \square}{\square \times 6 \times 10} = \frac{\square}{\square}$

❹ $\frac{3}{5} \times \frac{5}{8} \times \frac{2}{9} = \frac{3 \times 5 \times 2}{5 \times 8 \times 9} = \frac{\square}{\square}$

❺ $\frac{2}{9} \times \frac{1}{8} \times \frac{3}{5} = \frac{2 \times \square \times 3}{9 \times 8 \times \square} = \frac{\square}{\square}$

❻ $\frac{2}{7} \times \frac{4}{5} \times \frac{5}{6} = \frac{\square \times 4 \times 5}{\square \times 5 \times 6} = \frac{\square}{\square}$

❼ $\frac{3}{8} \times \frac{3}{10} \times \frac{5}{6} = \frac{\square \times 3 \times 5}{\square \times 10 \times 6} = \frac{\square}{\square}$

❽ $\frac{8}{9} \times \frac{7}{8} \times \frac{3}{8} = \frac{8 \times \square \times 3}{9 \times 8 \times \square} = \frac{\square}{\square}$

정답 97쪽

공부한 날짜	맞힌 개수	걸린 시간
월 일	/26	분

곱셈을 하세요.

9 $\frac{5}{6} \times \frac{7}{9} \times \frac{1}{7}$

10 $\frac{1}{2} \times \frac{4}{9} \times \frac{3}{8}$

11 $\frac{6}{7} \times \frac{1}{5} \times \frac{5}{7}$

12 $\frac{5}{8} \times \frac{1}{9} \times \frac{6}{15}$

13 $\frac{1}{3} \times \frac{6}{7} \times \frac{7}{9}$

14 $\frac{3}{10} \times \frac{5}{6} \times \frac{2}{3}$

15 $\frac{1}{5} \times \frac{2}{3} \times \frac{5}{8}$

16 $\frac{2}{5} \times \frac{2}{7} \times \frac{1}{6}$

17 $\frac{1}{4} \times \frac{8}{9} \times \frac{1}{3}$

18 $\frac{4}{9} \times \frac{3}{4} \times \frac{1}{8}$

19 $\frac{1}{9} \times \frac{1}{2} \times \frac{2}{5}$

20 $\frac{1}{10} \times \frac{2}{5} \times \frac{5}{7}$

21 $\frac{5}{9} \times \frac{4}{7} \times \frac{3}{4}$

22 $\frac{1}{7} \times \frac{1}{6} \times \frac{4}{7}$

23 $\frac{4}{5} \times \frac{8}{9} \times \frac{1}{2}$

24 $\frac{1}{8} \times \frac{2}{5} \times \frac{5}{6}$

25 $\frac{3}{7} \times \frac{1}{4} \times \frac{1}{3}$

26 $\frac{5}{10} \times \frac{3}{4} \times \frac{1}{5}$

14 세 분수의 곱셈

□ 안에 알맞은 수를 써넣으세요.

❶ $\frac{5}{7} \times \frac{2}{9} \times \frac{3}{8} = \frac{\square}{\square}$

분모와 분자를 약분 한 후 계산해요.

❷ $\frac{4}{9} \times \frac{3}{4} \times \frac{1}{8} = \frac{\square}{\square}$

❸ $\frac{3}{10} \times \frac{1}{4} \times \frac{5}{9} = \frac{\square}{\square}$

❹ $\frac{1}{9} \times \frac{1}{2} \times \frac{2}{5} = \frac{\square}{\square}$

❺ $\frac{1}{3} \times \frac{6}{7} \times \frac{7}{9} = \frac{\square}{\square}$

❻ $\frac{7}{9} \times \frac{1}{3} \times \frac{4}{7} = \frac{\square}{\square}$

❼ $\frac{3}{5} \times \frac{5}{8} \times \frac{2}{9} = \frac{\square}{\square}$

❽ $\frac{2}{5} \times \frac{2}{7} \times \frac{1}{6} = \frac{\square}{\square}$

❾ $\frac{1}{6} \times \frac{6}{7} \times \frac{4}{9} = \frac{\square}{\square}$

❿ $\frac{5}{8} \times \frac{4}{9} \times \frac{1}{2} = \frac{\square}{\square}$

정답 97쪽

공부한 날짜	맞힌 개수	걸린 시간
월 일	/28	분

곱셈을 하세요.

⑪ $\frac{3}{7} \times \frac{1}{4} \times \frac{1}{3}$

⑫ $\frac{5}{9} \times \frac{4}{7} \times \frac{3}{4}$

⑬ $\frac{3}{8} \times \frac{3}{7} \times \frac{5}{9}$

⑭ $\frac{2}{3} \times \frac{1}{8} \times \frac{3}{5}$

⑮ $\frac{8}{9} \times \frac{7}{8} \times \frac{2}{7}$

⑯ $\frac{4}{5} \times \frac{8}{9} \times \frac{9}{10}$

⑰ $\frac{7}{9} \times \frac{1}{6} \times \frac{4}{7}$

⑱ $\frac{7}{8} \times \frac{3}{8} \times \frac{6}{7}$

⑲ $\frac{2}{9} \times \frac{6}{7} \times \frac{2}{3}$

⑳ $\frac{3}{10} \times \frac{5}{6} \times \frac{2}{3}$

㉑ $\frac{3}{4} \times \frac{5}{6} \times \frac{3}{7}$

㉒ $\frac{5}{6} \times \frac{7}{9} \times \frac{4}{5}$

㉓ $\frac{4}{7} \times \frac{3}{5} \times \frac{1}{6}$

㉔ $\frac{1}{8} \times \frac{2}{5} \times \frac{5}{6}$

㉕ $\frac{6}{7} \times \frac{1}{5} \times \frac{5}{7}$

㉖ $\frac{1}{10} \times \frac{2}{3} \times \frac{5}{7}$

㉗ $\frac{7}{10} \times \frac{6}{7} \times \frac{1}{6}$

㉘ $\frac{1}{5} \times \frac{2}{3} \times \frac{3}{8}$

01 (1보다 작은 소수)×(자연수)

◆ □ 안에 알맞은 수를 써넣으세요.

❶ 3 × 8 = 24
↓ $\frac{1}{10}$배　↓ $\frac{1}{10}$배
□ × 8 = □

3의 $\frac{1}{10}$배는 0.3이고,
24의 $\frac{1}{10}$배는 2.4예요.

❷ 9 × 8 = 72
↓ $\frac{1}{10}$배　↓ $\frac{1}{10}$배
□ × 8 = □

❸ 5 × 9 = 45
↓ $\frac{1}{10}$배　↓ $\frac{1}{10}$배
□ × 9 = □

❹ 7 × 3 = 21
↓ $\frac{1}{10}$배　↓ $\frac{1}{10}$배
□ × 3 = □

❺ 5 × 7 = 35
↓ $\frac{1}{10}$배　↓ $\frac{1}{10}$배
□ × 7 = □

❻ 4 × 8 = 32
↓ $\frac{1}{10}$배　↓ $\frac{1}{10}$배
□ × 8 = □

❼ 2 × 5 = 10
↓ $\frac{1}{10}$배　↓ $\frac{1}{10}$배
□ × 5 = □

❽ 3 × 9 = 27
↓ $\frac{1}{10}$배　↓ $\frac{1}{10}$배
□ × 9 = □

❾ 2 × 7 = 14
↓ $\frac{1}{10}$배　↓ $\frac{1}{10}$배
□ × 7 = □

❿ 5 × 4 = 20
↓ $\frac{1}{10}$배　↓ $\frac{1}{10}$배
□ × 4 = □

⓫ 2 × 2 = 4
↓ $\frac{1}{10}$배　↓ $\frac{1}{10}$배
□ × 2 = □

⓬ 6 × 3 = 18
↓ $\frac{1}{10}$배　↓ $\frac{1}{10}$배
□ × 3 = □

⓭ 8 × 6 = 48
↓ $\frac{1}{10}$배　↓ $\frac{1}{10}$배
□ × 6 = □

⓮ 3 × 2 = 6
↓ $\frac{1}{10}$배　↓ $\frac{1}{10}$배
□ × 2 = □

⓯ 9 × 6 = 54
↓ $\frac{1}{10}$배　↓ $\frac{1}{10}$배
□ × 6 = □

정답 98쪽

공부한 날짜	맞힌 개수	걸린 시간
월 일	/36	분

곱셈을 하세요.

⑯ 0.4×4

㉓ 0.7×8

㉚ 0.7×6

⑰ 0.4×2

㉔ 0.3×6

㉛ 0.2×3

⑱ 0.6×5

㉕ 0.3×5

㉜ 0.9×5

⑲ 0.8×4

㉖ 0.8×9

㉝ 0.6×7

⑳ 0.4×3

㉗ 0.3×4

㉞ 0.6×2

㉑ 0.8×7

㉘ 0.2×4

㉟ 0.9×9

㉒ 0.8×8

㉙ 0.7×5

㊱ 0.6×6

02 (1보다 작은 소수)×(자연수)

◆ □ 안에 알맞은 수를 써넣으세요.

❶ $0.7 \times 3 = \dfrac{\square}{10} \times 3 = \dfrac{\square \times 3}{10} = \dfrac{\square}{10} = \square.\square$

0.7을 $\dfrac{7}{10}$로 바꿔서 분수의 곱셈으로 계산해요.

❷ $0.8 \times 5 = \dfrac{\square}{10} \times 5 = \dfrac{\square \times 5}{10} = \dfrac{\square}{10} = \square$

❸ $0.4 \times 4 = \dfrac{\square}{10} \times 4 = \dfrac{\square \times 4}{10} = \dfrac{\square}{10} = \square.\square$

❹ $0.3 \times 5 = \dfrac{\square}{10} \times 5 = \dfrac{\square \times 5}{10} = \dfrac{\square}{10} = \square.\square$

❺ $0.9 \times 7 = \dfrac{\square}{10} \times 7 = \dfrac{\square \times 7}{10} = \dfrac{\square}{10} = \square.\square$

❻ $0.2 \times 3 = \dfrac{\square}{10} \times 3 = \dfrac{\square \times 3}{10} = \dfrac{\square}{10} = \square.\square$

❼ $0.6 \times 7 = \dfrac{\square}{10} \times 7 = \dfrac{\square \times 7}{10} = \dfrac{\square}{10} = \square.\square$

❽ $0.5 \times 7 = \dfrac{\square}{10} \times 7 = \dfrac{\square \times 7}{10} = \dfrac{\square}{10} = \square.\square$

❾ $0.2 \times 8 = \dfrac{\square}{10} \times 8 = \dfrac{\square \times 8}{10} = \dfrac{\square}{10} = \square.\square$

❿ $0.5 \times 6 = \dfrac{\square}{10} \times 6 = \dfrac{\square \times 6}{10} = \dfrac{\square}{10} = \square$

정답 98쪽

공부한 날짜	맞힌 개수	걸린 시간
월 일	/31	분

곱셈을 하세요.

⑪ 0.5×3

⑫ 0.8×7

⑬ 0.3×7

⑭ 0.6×9

⑮ 0.4×6

⑯ 0.6×4

⑰ 0.2×2

⑱ 0.8×4

⑲ 0.5×4

⑳ 0.9×2

㉑ 0.6×2

㉒ 0.9×5

㉓ 0.7×6

㉔ 0.3×2

㉕ 0.7×8

㉖ 0.7×5

㉗ 0.4×3

㉘ 0.8×2

㉙ 0.4×9

㉚ 0.9×9

㉛ 0.3×9

03 (1보다 작은 소수)×(자연수)

곱셈을 하세요.

1. $\begin{array}{r} 0.4 \\ \times \quad 4 \\ \hline \end{array}$

   4 × 4 = 16이므로 1을 일의 자리로 올림해요.

2. $\begin{array}{r} 0.2 \\ \times \quad 6 \\ \hline \end{array}$

3. $\begin{array}{r} 0.8 \\ \times \quad 7 \\ \hline \end{array}$

4. $\begin{array}{r} 0.5 \\ \times \quad 8 \\ \hline \end{array}$

5. $\begin{array}{r} 0.3 \\ \times \quad 8 \\ \hline \end{array}$

6. $\begin{array}{r} 0.5 \\ \times \quad 2 \\ \hline \end{array}$

7. $\begin{array}{r} 0.9 \\ \times \quad 4 \\ \hline \end{array}$

8. $\begin{array}{r} 0.8 \\ \times \quad 3 \\ \hline \end{array}$

9. $\begin{array}{r} 0.6 \\ \times \quad 7 \\ \hline \end{array}$

10. $\begin{array}{r} 0.9 \\ \times \quad 2 \\ \hline \end{array}$

11. $\begin{array}{r} 0.3 \\ \times \quad 4 \\ \hline \end{array}$

12. $\begin{array}{r} 0.6 \\ \times \quad 4 \\ \hline \end{array}$

13. $\begin{array}{r} 0.2 \\ \times \quad 9 \\ \hline \end{array}$

14. $\begin{array}{r} 0.4 \\ \times \quad 7 \\ \hline \end{array}$

15. $\begin{array}{r} 0.7 \\ \times \quad 8 \\ \hline \end{array}$

정답 98쪽

공부한 날짜	맞힌 개수	걸린 시간
월 일	/30	분

곱셈을 하세요.

⑯ $\begin{array}{r} 0.5 \\ \times \quad 9 \\ \hline \end{array}$

㉑ $\begin{array}{r} 0.2 \\ \times \quad 2 \\ \hline \end{array}$

㉖ $\begin{array}{r} 0.7 \\ \times \quad 9 \\ \hline \end{array}$

⑰ $\begin{array}{r} 0.4 \\ \times \quad 5 \\ \hline \end{array}$

㉒ $\begin{array}{r} 0.8 \\ \times \quad 5 \\ \hline \end{array}$

㉗ $\begin{array}{r} 0.5 \\ \times \quad 5 \\ \hline \end{array}$

⑱ $\begin{array}{r} 0.9 \\ \times \quad 6 \\ \hline \end{array}$

㉓ $\begin{array}{r} 0.6 \\ \times \quad 5 \\ \hline \end{array}$

㉘ $\begin{array}{r} 0.3 \\ \times \quad 2 \\ \hline \end{array}$

⑲ $\begin{array}{r} 0.7 \\ \times \quad 2 \\ \hline \end{array}$

㉔ $\begin{array}{r} 0.8 \\ \times \quad 8 \\ \hline \end{array}$

㉙ $\begin{array}{r} 0.4 \\ \times \quad 8 \\ \hline \end{array}$

⑳ $\begin{array}{r} 0.3 \\ \times \quad 6 \\ \hline \end{array}$

㉕ $\begin{array}{r} 0.6 \\ \times \quad 2 \\ \hline \end{array}$

㉚ $\begin{array}{r} 0.2 \\ \times \quad 4 \\ \hline \end{array}$

04 (1보다 큰 소수)×(자연수)

◆ □ 안에 알맞은 수를 써넣으세요.

❶ $25 \times 5 = 125$

↓ $\frac{1}{10}$배 ↓ $\frac{1}{10}$배

□ $\times 5 =$ □

25의 $\frac{1}{10}$배는 2.5이고,

125의 $\frac{1}{10}$배는 12.5예요.

❷ $19 \times 8 = 152$

↓ $\frac{1}{10}$배 ↓ $\frac{1}{10}$배

□ $\times 8 =$ □

❸ $29 \times 6 = 174$

↓ $\frac{1}{10}$배 ↓ $\frac{1}{10}$배

□ $\times 6 =$ □

❹ $16 \times 3 = 48$

↓ $\frac{1}{10}$배 ↓ $\frac{1}{10}$배

□ $\times 3 =$ □

❺ $17 \times 4 = 68$

↓ $\frac{1}{10}$배 ↓ $\frac{1}{10}$배

□ $\times 4 =$ □

❻ $15 \times 2 = 30$

↓ $\frac{1}{10}$배 ↓ $\frac{1}{10}$배

□ $\times 2 =$ □

❼ $27 \times 5 = 135$

↓ $\frac{1}{10}$배 ↓ $\frac{1}{10}$배

□ $\times 5 =$ □

❽ $15 \times 4 = 60$

↓ $\frac{1}{10}$배 ↓ $\frac{1}{10}$배

□ $\times 4 =$ □

❾ $19 \times 2 = 38$

↓ $\frac{1}{10}$배 ↓ $\frac{1}{10}$배

□ $\times 2 =$ □

❿ $17 \times 8 = 136$

↓ $\frac{1}{10}$배 ↓ $\frac{1}{10}$배

□ $\times 8 =$ □

정답 98쪽

공부한 날짜	맞힌 개수	걸린 시간
월 일	/31	분

곱셈을 하세요.

⑪ 1.2×2

⑫ 2.3×3

⑬ 1.7×9

⑭ 2.9×4

⑮ 1.4×4

⑯ 1.6×5

⑰ 2.2×2

⑱ 2.4×8

⑲ 1.3×8

⑳ 2.6×8

㉑ 1.8×3

㉒ 2.8×4

㉓ 2.4×2

㉔ 1.5×7

㉕ 1.6×2

㉖ 1.2×7

㉗ 2.2×6

㉘ 2.8×8

㉙ 1.8×2

㉚ 1.3×2

㉛ 2.3×7

05 (1보다 큰 소수)×(자연수)

◆ □ 안에 알맞은 수를 써넣으세요.

❶ $1.3\times4=\frac{\square}{10}\times4=\frac{\square\times4}{10}=\frac{\square}{10}=\square.\square$

1.3을 $\frac{13}{10}$으로 바꿔서 분수의 곱셈으로 계산해요.

❷ $1.5\times9=\frac{\square}{10}\times9=\frac{\square\times9}{10}=\frac{\square}{10}=\square\square.\square$

❸ $1.9\times6=\frac{\square}{10}\times6=\frac{\square\times6}{10}=\frac{\square}{10}=\square\square.\square$

❹ $1.6\times6=\frac{\square}{10}\times6=\frac{\square\times6}{10}=\frac{\square}{10}=\square.\square$

❺ $2.7\times2=\frac{\square}{10}\times2=\frac{\square\times2}{10}=\frac{\square}{10}=\square.\square$

❻ $3.5\times5=\frac{\square}{10}\times5=\frac{\square\times5}{10}=\frac{\square}{10}=\square\square.\square$

❼ $2.9\times7=\frac{\square}{10}\times7=\frac{\square\times7}{10}=\frac{\square}{10}=\square\square.\square$

❽ $3.6\times3=\frac{\square}{10}\times3=\frac{\square\times3}{10}=\frac{\square}{10}=\square\square.\square$

❾ $2.8\times3=\frac{\square}{10}\times3=\frac{\square\times3}{10}=\frac{\square}{10}=\square.\square$

❿ $1.8\times5=\frac{\square}{10}\times5=\frac{\square\times5}{10}=\frac{\square}{10}=\square$

↻ 정답 99쪽

공부한 날짜	맞힌 개수	걸린 시간
월 일	/31	분

곱셈을 하세요.

⑪ 2.7×9

⑫ 1.4×9

⑬ 2.6×6

⑭ 2.5×8

⑮ 2.2×5

⑯ 1.3×6

⑰ 2.8×7

⑱ 2.3×2

⑲ 2.8×9

⑳ 2.4×7

㉑ 2.7×4

㉒ 1.3×9

㉓ 2.5×2

㉔ 2.2×7

㉕ 3.2×5

㉖ 2.6×3

㉗ 2.9×9

㉘ 2.4×4

㉙ 2.3×6

㉚ 2.9×5

㉛ 1.7×7

06 (1보다 큰 소수)×(자연수)

곱셈을 하세요.

❶ $\begin{array}{r} 1.3 \\ \times \quad 7 \\ \hline \end{array}$

① 3×7=21이므로 2를 일의 자리로 올림해요.
② 올림한 2와 1×7의 계산 결과를 더해요.

❷ $\begin{array}{r} 1.3 \\ \times \quad 4 \\ \hline \end{array}$

❸ $\begin{array}{r} 2.6 \\ \times \quad 8 \\ \hline \end{array}$

❹ $\begin{array}{r} 2.8 \\ \times \quad 7 \\ \hline \end{array}$

❺ $\begin{array}{r} 1.9 \\ \times \quad 8 \\ \hline \end{array}$

❻ $\begin{array}{r} 1.5 \\ \times \quad 3 \\ \hline \end{array}$

❼ $\begin{array}{r} 2.9 \\ \times \quad 4 \\ \hline \end{array}$

❽ $\begin{array}{r} 1.6 \\ \times \quad 3 \\ \hline \end{array}$

❾ $\begin{array}{r} 2.7 \\ \times \quad 4 \\ \hline \end{array}$

❿ $\begin{array}{r} 2.7 \\ \times \quad 8 \\ \hline \end{array}$

⓫ $\begin{array}{r} 2.5 \\ \times \quad 5 \\ \hline \end{array}$

⓬ $\begin{array}{r} 1.8 \\ \times \quad 3 \\ \hline \end{array}$

⓭ $\begin{array}{r} 1.2 \\ \times \quad 9 \\ \hline \end{array}$

⓮ $\begin{array}{r} 1.4 \\ \times \quad 6 \\ \hline \end{array}$

⓯ $\begin{array}{r} 1.7 \\ \times \quad 9 \\ \hline \end{array}$

정답 99쪽

공부한 날짜	맞힌 개수	걸린 시간
월 일	/30	분

곱셈을 하세요.

⑯ $\begin{array}{r} 1.8 \\ \times\ \ 8 \\ \hline \end{array}$

⑰ $\begin{array}{r} 1.5 \\ \times\ \ 7 \\ \hline \end{array}$

⑱ $\begin{array}{r} 2.8 \\ \times\ \ 3 \\ \hline \end{array}$

⑲ $\begin{array}{r} 1.2 \\ \times\ \ 9 \\ \hline \end{array}$

⑳ $\begin{array}{r} 1.2 \\ \times\ \ 3 \\ \hline \end{array}$

㉑ $\begin{array}{r} 2.9 \\ \times\ \ 5 \\ \hline \end{array}$

㉒ $\begin{array}{r} 2.8 \\ \times\ \ 5 \\ \hline \end{array}$

㉓ $\begin{array}{r} 1.7 \\ \times\ \ 2 \\ \hline \end{array}$

㉔ $\begin{array}{r} 2.6 \\ \times\ \ 5 \\ \hline \end{array}$

㉕ $\begin{array}{r} 1.3 \\ \times\ \ 9 \\ \hline \end{array}$

㉖ $\begin{array}{r} 1.4 \\ \times\ \ 2 \\ \hline \end{array}$

㉗ $\begin{array}{r} 1.9 \\ \times\ \ 4 \\ \hline \end{array}$

㉘ $\begin{array}{r} 2.7 \\ \times\ \ 7 \\ \hline \end{array}$

㉙ $\begin{array}{r} 1.6 \\ \times\ \ 6 \\ \hline \end{array}$

㉚ $\begin{array}{r} 2.5 \\ \times\ \ 2 \\ \hline \end{array}$

07 (자연수)×(1보다 작은 소수)

□ 안에 알맞은 수를 써넣으세요.

❶ $6\times 7=42$

$\frac{1}{10}$배 ↓ ↓ $\frac{1}{10}$배

$6\times\square=\square$

7의 $\frac{1}{10}$배는 0.7이고, 42의 $\frac{1}{10}$배는 4.2예요.

❷ $4\times 3=12$

$\frac{1}{10}$배 ↓ ↓ $\frac{1}{10}$배

$4\times\square=\square$

❸ $5\times 2=10$

$\frac{1}{10}$배 ↓ ↓ $\frac{1}{10}$배

$5\times\square=\square$

❹ $2\times 6=12$

$\frac{1}{10}$배 ↓ ↓ $\frac{1}{10}$배

$2\times\square=\square$

❺ $8\times 4=32$

$\frac{1}{10}$배 ↓ ↓ $\frac{1}{10}$배

$8\times\square=\square$

❻ $8\times 2=16$

$\frac{1}{10}$배 ↓ ↓ $\frac{1}{10}$배

$8\times\square=\square$

❼ $3\times 4=12$

$\frac{1}{10}$배 ↓ ↓ $\frac{1}{10}$배

$3\times\square=\square$

❽ $6\times 9=54$

$\frac{1}{10}$배 ↓ ↓ $\frac{1}{10}$배

$6\times\square=\square$

❾ $7\times 3=21$

$\frac{1}{10}$배 ↓ ↓ $\frac{1}{10}$배

$7\times\square=\square$

❿ $6\times 8=48$

$\frac{1}{10}$배 ↓ ↓ $\frac{1}{10}$배

$6\times\square=\square$

정답 99쪽

공부한 날짜	맞힌 개수	걸린 시간
월 일	/31	분

곱셈을 하세요.

⑪ 4×0.6

⑱ 4×0.5

㉕ 9×0.8

⑫ 2×0.5

⑲ 3×0.8

㉖ 4×0.4

⑬ 9×0.9

⑳ 3×0.2

㉗ 3×0.6

⑭ 6×0.5

㉑ 5×0.3

㉘ 2×0.9

⑮ 7×0.7

㉒ 6×0.4

㉙ 4×0.7

⑯ 6×0.2

㉓ 3×0.9

㉚ 2×0.3

⑰ 3×0.7

㉔ 9×0.5

㉛ 9×0.6

08 (자연수)×(1보다 작은 소수)

◆ □ 안에 알맞은 수를 써넣으세요.

❶ $5 \times 0.3 = 5 \times \frac{\square}{10} = \frac{5 \times \square}{10} = \frac{\square}{10} = \square.\square$

0.3을 $\frac{3}{10}$으로 바꿔서 분수의 곱셈으로 계산해요.

❷ $4 \times 0.7 = 4 \times \frac{\square}{10} = \frac{4 \times \square}{10} = \frac{\square}{10} = \square.\square$

❸ $2 \times 0.6 = 2 \times \frac{\square}{10} = \frac{2 \times \square}{10} = \frac{\square}{10} = \square.\square$

❹ $7 \times 0.3 = 7 \times \frac{\square}{10} = \frac{7 \times \square}{10} = \frac{\square}{10} = \square.\square$

❺ $2 \times 0.8 = 2 \times \frac{\square}{10} = \frac{2 \times \square}{10} = \frac{\square}{10} = \square.\square$

❻ $3 \times 0.8 = 3 \times \frac{\square}{10} = \frac{3 \times \square}{10} = \frac{\square}{10} = \square.\square$

❼ $9 \times 0.4 = 9 \times \frac{\square}{10} = \frac{9 \times \square}{10} = \frac{\square}{10} = \square.\square$

❽ $9 \times 0.7 = 9 \times \frac{\square}{10} = \frac{9 \times \square}{10} = \frac{\square}{10} = \square.\square$

❾ $4 \times 0.9 = 4 \times \frac{\square}{10} = \frac{4 \times \square}{10} = \frac{\square}{10} = \square.\square$

❿ $7 \times 0.2 = 7 \times \frac{\square}{10} = \frac{7 \times \square}{10} = \frac{\square}{10} = \square.\square$

정답 99쪽

공부한 날짜	맞힌 개수	걸린 시간
월 일	/31	분

곱셈을 하세요.

⑪ 2×0.3

⑫ 3×0.7

⑬ 6×0.5

⑭ 5×0.4

⑮ 9×0.8

⑯ 2×0.5

⑰ 5×0.9

⑱ 9×0.6

⑲ 8×0.4

⑳ 8×0.2

㉑ 6×0.7

㉒ 4×0.6

㉓ 8×0.9

㉔ 4×0.4

㉕ 6×0.3

㉖ 8×0.5

㉗ 7×0.8

㉘ 3×0.3

㉙ 4×0.2

㉚ 3×0.9

㉛ 3×0.6

09 (자연수)×(1보다 작은 소수)

◈ 곱셈을 하세요.

❶ $\begin{array}{r} 4 \\ \times 0.6 \\ \hline \end{array}$

4 × 6 = 24이므로 2를 일의 자리로 올림해요.

❷ $\begin{array}{r} 3 \\ \times 0.5 \\ \hline \end{array}$

❸ $\begin{array}{r} 7 \\ \times 0.9 \\ \hline \end{array}$

❹ $\begin{array}{r} 5 \\ \times 0.7 \\ \hline \end{array}$

❺ $\begin{array}{r} 9 \\ \times 0.4 \\ \hline \end{array}$

❻ $\begin{array}{r} 4 \\ \times 0.3 \\ \hline \end{array}$

❼ $\begin{array}{r} 4 \\ \times 0.2 \\ \hline \end{array}$

❽ $\begin{array}{r} 7 \\ \times 0.3 \\ \hline \end{array}$

❾ $\begin{array}{r} 8 \\ \times 0.2 \\ \hline \end{array}$

❿ $\begin{array}{r} 5 \\ \times 0.5 \\ \hline \end{array}$

⓫ $\begin{array}{r} 6 \\ \times 0.7 \\ \hline \end{array}$

⓬ $\begin{array}{r} 3 \\ \times 0.8 \\ \hline \end{array}$

⓭ $\begin{array}{r} 6 \\ \times 0.6 \\ \hline \end{array}$

⓮ $\begin{array}{r} 3 \\ \times 0.9 \\ \hline \end{array}$

⓯ $\begin{array}{r} 2 \\ \times 0.8 \\ \hline \end{array}$

정답 100쪽

공부한 날짜	맞힌 개수	걸린 시간
월 일	/30	분

곱셈을 하세요.

⑯ $\begin{array}{r} 5 \\ \times 0.9 \\ \hline \end{array}$

⑰ $\begin{array}{r} 9 \\ \times 0.5 \\ \hline \end{array}$

⑱ $\begin{array}{r} 2 \\ \times 0.2 \\ \hline \end{array}$

⑲ $\begin{array}{r} 9 \\ \times 0.3 \\ \hline \end{array}$

⑳ $\begin{array}{r} 4 \\ \times 0.8 \\ \hline \end{array}$

㉑ $\begin{array}{r} 2 \\ \times 0.3 \\ \hline \end{array}$

㉒ $\begin{array}{r} 9 \\ \times 0.7 \\ \hline \end{array}$

㉓ $\begin{array}{r} 2 \\ \times 0.4 \\ \hline \end{array}$

㉔ $\begin{array}{r} 3 \\ \times 0.7 \\ \hline \end{array}$

㉕ $\begin{array}{r} 8 \\ \times 0.8 \\ \hline \end{array}$

㉖ $\begin{array}{r} 9 \\ \times 0.6 \\ \hline \end{array}$

㉗ $\begin{array}{r} 8 \\ \times 0.6 \\ \hline \end{array}$

㉘ $\begin{array}{r} 9 \\ \times 0.9 \\ \hline \end{array}$

㉙ $\begin{array}{r} 7 \\ \times 0.2 \\ \hline \end{array}$

㉚ $\begin{array}{r} 3 \\ \times 0.4 \\ \hline \end{array}$

10 (자연수)×(1보다 큰 소수)

◆ □ 안에 알맞은 수를 써넣으세요.

❶ $7\times 29=203$

$\frac{1}{10}$배 ↓ ↓ $\frac{1}{10}$배

$7\times\square=\square$

29의 $\frac{1}{10}$배는 2.9이고, 203의 $\frac{1}{10}$배는 20.3이에요.

❷ $3\times 16=48$

$\frac{1}{10}$배 ↓ ↓ $\frac{1}{10}$배

$3\times\square=\square$

❸ $5\times 16=80$

$\frac{1}{10}$배 ↓ ↓ $\frac{1}{10}$배

$5\times\square=\square$

❹ $4\times 28=112$

$\frac{1}{10}$배 ↓ ↓ $\frac{1}{10}$배

$4\times\square=\square$

❺ $2\times 33=66$

$\frac{1}{10}$배 ↓ ↓ $\frac{1}{10}$배

$2\times\square=\square$

❻ $7\times 13=91$

$\frac{1}{10}$배 ↓ ↓ $\frac{1}{10}$배

$7\times\square=\square$

❼ $5\times 36=180$

$\frac{1}{10}$배 ↓ ↓ $\frac{1}{10}$배

$5\times\square=\square$

❽ $9\times 32=288$

$\frac{1}{10}$배 ↓ ↓ $\frac{1}{10}$배

$9\times\square=\square$

❾ $8\times 15=120$

$\frac{1}{10}$배 ↓ ↓ $\frac{1}{10}$배

$8\times\square=\square$

❿ $4\times 14=56$

$\frac{1}{10}$배 ↓ ↓ $\frac{1}{10}$배

$4\times\square=\square$

정답 100쪽

공부한 날짜	맞힌 개수	걸린 시간
월 일	/31	분

곱셈을 하세요.

⑪ 7×3.3

⑫ 8×2.4

⑬ 3×3.6

⑭ 5×3.5

⑮ 3×1.8

⑯ 7×2.5

⑰ 3×3.8

⑱ 7×1.2

⑲ 2×1.5

⑳ 8×2.2

㉑ 8×1.8

㉒ 3×3.4

㉓ 9×1.2

㉔ 9×3.4

㉕ 7×2.7

㉖ 8×3.9

㉗ 9×1.3

㉘ 4×3.7

㉙ 7×3.8

㉚ 8×2.6

㉛ 4×1.3

11 (자연수)×(1보다 큰 소수)

복습 B

□ 안에 알맞은 수를 써넣으세요.

① $4\times2.2=4\times\frac{\square}{10}=\frac{4\times\square}{10}$

$=\frac{\square}{10}=\square.\square$

2.2를 $\frac{22}{10}$로 바꿔서 분수의 곱셈으로 계산해요.

② $5\times3.7=5\times\frac{\square}{10}=\frac{5\times\square}{10}$

$=\frac{\square}{10}=\square\square.\square$

③ $6\times3.2=6\times\frac{\square}{10}=\frac{6\times\square}{10}$

$=\frac{\square}{10}=\square\square.\square$

④ $8\times1.3=8\times\frac{\square}{10}=\frac{8\times\square}{10}$

$=\frac{\square}{10}=\square\square.\square$

⑤ $8\times2.8=8\times\frac{\square}{10}=\frac{8\times\square}{10}$

$=\frac{\square}{10}=\square\square.\square$

⑥ $2\times3.5=2\times\frac{\square}{10}=\frac{2\times\square}{10}$

$=\frac{\square}{10}=\square$

⑦ $5\times1.2=5\times\frac{\square}{10}=\frac{5\times\square}{10}$

$=\frac{\square}{10}=\square$

⑧ $3\times2.6=3\times\frac{\square}{10}=\frac{3\times\square}{10}$

$=\frac{\square}{10}=\square.\square$

⑨ $2\times3.4=2\times\frac{\square}{10}=\frac{2\times\square}{10}$

$=\frac{\square}{10}=\square.\square$

⑩ $9\times1.5=9\times\frac{\square}{10}=\frac{9\times\square}{10}$

$=\frac{\square}{10}=\square\square.\square$

정답 100쪽

공부한 날짜	맞힌 개수	걸린 시간
월 일	/31	분

◆ 곱셈을 하세요.

⑪ 8×2.7

⑱ 9×3.9

㉕ 2×2.7

⑫ 6×1.3

⑲ 7×2.2

㉖ 2×3.7

⑬ 6×3.3

⑳ 2×1.6

㉗ 6×2.4

⑭ 9×1.6

㉑ 6×3.8

㉘ 5×2.8

⑮ 4×1.9

㉒ 4×3.6

㉙ 8×1.7

⑯ 2×2.5

㉓ 5×1.8

㉚ 6×3.5

⑰ 9×3.6

㉔ 6×1.2

㉛ 7×1.4

12 (자연수)×(1보다 큰 소수)

◈ 곱셈을 하세요.

❶ $\begin{array}{r} 5 \\ \times 2.3 \\ \hline \end{array}$

① 5×3=15이므로 1을 일의 자리로 올림해요.
② 올림한 1과 5×2의 계산 결과를 더해요.

❷ $\begin{array}{r} 5 \\ \times 3.9 \\ \hline \end{array}$

❸ $\begin{array}{r} 3 \\ \times 2.9 \\ \hline \end{array}$

❹ $\begin{array}{r} 8 \\ \times 1.7 \\ \hline \end{array}$

❺ $\begin{array}{r} 7 \\ \times 2.7 \\ \hline \end{array}$

❻ $\begin{array}{r} 5 \\ \times 1.9 \\ \hline \end{array}$

❼ $\begin{array}{r} 7 \\ \times 1.5 \\ \hline \end{array}$

❽ $\begin{array}{r} 3 \\ \times 3.7 \\ \hline \end{array}$

❾ $\begin{array}{r} 5 \\ \times 3.4 \\ \hline \end{array}$

❿ $\begin{array}{r} 6 \\ \times 1.7 \\ \hline \end{array}$

⓫ $\begin{array}{r} 8 \\ \times 1.8 \\ \hline \end{array}$

⓬ $\begin{array}{r} 3 \\ \times 2.5 \\ \hline \end{array}$

⓭ $\begin{array}{r} 9 \\ \times 2.6 \\ \hline \end{array}$

⓮ $\begin{array}{r} 8 \\ \times 1.3 \\ \hline \end{array}$

⓯ $\begin{array}{r} 4 \\ \times 3.3 \\ \hline \end{array}$

정답 100쪽

공부한 날짜	맞힌 개수	걸린 시간
월 일	/30	분

곱셈을 하세요.

⑯ 9×1.2

㉑ 8×3.4

㉖ 4×2.7

⑰ 7×3.8

㉒ 3×2.8

㉗ 6×1.8

⑱ 6×1.4

㉓ 3×3.2

㉘ 8×2.2

⑲ 7×2.4

㉔ 5×2.6

㉙ 8×1.9

⑳ 7×3.5

㉕ 9×1.5

㉚ 4×1.6

13 (1보다 작은 소수)×(1보다 작은 소수)

□ 안에 알맞은 수를 써넣으세요.

❶ $1 \times 7 = 7$

$\frac{1}{10}$배 ↓ $\frac{1}{10}$배 ↓ ↓ $\frac{1}{100}$배

□ × □ = □

1의 $\frac{1}{10}$배는 0.1이고, 7의 $\frac{1}{10}$배는 0.7이므로 7의 $\frac{1}{100}$배는 0.07이에요.

❷ $4 \times 5 = 20$

$\frac{1}{10}$배 ↓ $\frac{1}{10}$배 ↓ ↓ $\frac{1}{100}$배

□ × □ = □

❸ $8 \times 7 = 56$

$\frac{1}{10}$배 ↓ $\frac{1}{10}$배 ↓ ↓ $\frac{1}{100}$배

□ × □ = □

❹ $2 \times 2 = 4$

$\frac{1}{10}$배 ↓ $\frac{1}{10}$배 ↓ ↓ $\frac{1}{100}$배

□ × □ = □

❺ $9 \times 5 = 45$

$\frac{1}{10}$배 ↓ $\frac{1}{10}$배 ↓ ↓ $\frac{1}{100}$배

□ × □ = □

❻ $6 \times 5 = 30$

$\frac{1}{10}$배 ↓ $\frac{1}{10}$배 ↓ ↓ $\frac{1}{100}$배

□ × □ = □

❼ $7 \times 3 = 21$

$\frac{1}{10}$배 ↓ $\frac{1}{10}$배 ↓ ↓ $\frac{1}{100}$배

□ × □ = □

❽ $3 \times 3 = 9$

$\frac{1}{10}$배 ↓ $\frac{1}{10}$배 ↓ ↓ $\frac{1}{100}$배

□ × □ = □

❾ $9 \times 8 = 72$

$\frac{1}{10}$배 ↓ $\frac{1}{10}$배 ↓ ↓ $\frac{1}{100}$배

□ × □ = □

❿ $5 \times 7 = 35$

$\frac{1}{10}$배 ↓ $\frac{1}{10}$배 ↓ ↓ $\frac{1}{100}$배

□ × □ = □

정답 101쪽

공부한 날짜	맞힌 개수	걸린 시간
월 일	/31	분

곱셈을 하세요.

⑪ 0.7×0.9

⑫ 0.2×0.9

⑬ 0.3×0.2

⑭ 0.4×0.4

⑮ 0.7×0.6

⑯ 0.9×0.2

⑰ 0.5×0.4

⑱ 0.4×0.3

⑲ 0.5×0.8

⑳ 0.8×0.4

㉑ 0.1×0.1

㉒ 0.8×0.3

㉓ 0.1×0.4

㉔ 0.9×0.4

㉕ 0.2×0.7

㉖ 0.6×0.9

㉗ 0.2×0.4

㉘ 0.5×0.5

㉙ 0.3×0.7

㉚ 0.7×0.5

㉛ 0.3×0.8

14 (1보다 작은 소수)×(1보다 작은 소수)

□ 안에 알맞은 수를 써넣으세요.

❶ $0.6 \times 0.3 = \frac{\square}{10} \times \frac{\square}{10} = \frac{\square}{100} = \square.\square\square$

0.6은 $\frac{6}{10}$, 0.3은 $\frac{3}{10}$으로 바꿔서 분수의 곱셈으로 계산해요.

❷ $0.9 \times 0.4 = \frac{\square}{10} \times \frac{\square}{10} = \frac{\square}{100} = \square.\square\square$

❸ $0.5 \times 0.6 = \frac{\square}{10} \times \frac{\square}{10} = \frac{\square}{100} = \square.\square$

❹ $0.3 \times 0.5 = \frac{\square}{10} \times \frac{\square}{10} = \frac{\square}{100} = \square.\square\square$

❺ $0.2 \times 0.2 = \frac{\square}{10} \times \frac{\square}{10} = \frac{\square}{100} = \square.\square\square$

❻ $0.8 \times 0.6 = \frac{\square}{10} \times \frac{\square}{10} = \frac{\square}{100} = \square.\square\square$

❼ $0.4 \times 0.2 = \frac{\square}{10} \times \frac{\square}{10} = \frac{\square}{100} = \square.\square\square$

❽ $0.7 \times 0.6 = \frac{\square}{10} \times \frac{\square}{10} = \frac{\square}{100} = \square.\square\square$

❾ $0.8 \times 0.7 = \frac{\square}{10} \times \frac{\square}{10} = \frac{\square}{100} = \square.\square\square$

❿ $0.1 \times 0.8 = \frac{\square}{10} \times \frac{\square}{10} = \frac{\square}{100} = \square.\square\square$

정답 101쪽

공부한 날짜	맞힌 개수	걸린 시간
월 일	/31	분

곱셈을 하세요.

⑪ 0.9×0.2

⑫ 0.2×0.8

⑬ 0.5×0.4

⑭ 0.1×0.5

⑮ 0.7×0.9

⑯ 0.3×0.2

⑰ 0.9×0.5

⑱ 0.4×0.9

⑲ 0.7×0.3

⑳ 0.9×0.3

㉑ 0.2×0.4

㉒ 0.3×0.9

㉓ 0.8×0.5

㉔ 0.4×0.7

㉕ 0.8×0.3

㉖ 0.5×0.7

㉗ 0.3×0.7

㉘ 0.7×0.4

㉙ 0.8×0.2

㉚ 0.6×0.6

㉛ 0.6×0.7

15 (1보다 작은 소수)×(1보다 작은 소수)

곱셈을 하세요.

❶ $\begin{array}{r} 0.5 \\ \times 0.7 \\ \hline \end{array}$

5 × 7 = 35이므로 3을 0.1의 자리로 올림해요.

❷ $\begin{array}{r} 0.9 \\ \times 0.7 \\ \hline \end{array}$

❸ $\begin{array}{r} 0.7 \\ \times 0.3 \\ \hline \end{array}$

❹ $\begin{array}{r} 0.4 \\ \times 0.3 \\ \hline \end{array}$

❺ $\begin{array}{r} 0.2 \\ \times 0.9 \\ \hline \end{array}$

❻ $\begin{array}{r} 0.3 \\ \times 0.7 \\ \hline \end{array}$

❼ $\begin{array}{r} 0.6 \\ \times 0.6 \\ \hline \end{array}$

❽ $\begin{array}{r} 0.2 \\ \times 0.7 \\ \hline \end{array}$

❾ $\begin{array}{r} 0.1 \\ \times 0.3 \\ \hline \end{array}$

❿ $\begin{array}{r} 0.7 \\ \times 0.9 \\ \hline \end{array}$

⓫ $\begin{array}{r} 0.8 \\ \times 0.5 \\ \hline \end{array}$

⓬ $\begin{array}{r} 0.1 \\ \times 0.7 \\ \hline \end{array}$

⓭ $\begin{array}{r} 0.5 \\ \times 0.4 \\ \hline \end{array}$

⓮ $\begin{array}{r} 0.9 \\ \times 0.6 \\ \hline \end{array}$

⓯ $\begin{array}{r} 0.3 \\ \times 0.2 \\ \hline \end{array}$

정답 101쪽

공부한 날짜	맞힌 개수	걸린 시간
월 일	/30	분

곱셈을 하세요.

⑯ $\begin{array}{r} 0.6 \\ \times 0.3 \\ \hline \end{array}$

⑰ $\begin{array}{r} 0.8 \\ \times 0.4 \\ \hline \end{array}$

⑱ $\begin{array}{r} 0.2 \\ \times 0.6 \\ \hline \end{array}$

⑲ $\begin{array}{r} 0.4 \\ \times 0.7 \\ \hline \end{array}$

⑳ $\begin{array}{r} 0.3 \\ \times 0.6 \\ \hline \end{array}$

㉑ $\begin{array}{r} 0.4 \\ \times 0.2 \\ \hline \end{array}$

㉒ $\begin{array}{r} 0.5 \\ \times 0.3 \\ \hline \end{array}$

㉓ $\begin{array}{r} 0.4 \\ \times 0.8 \\ \hline \end{array}$

㉔ $\begin{array}{r} 0.7 \\ \times 0.5 \\ \hline \end{array}$

㉕ $\begin{array}{r} 0.6 \\ \times 0.7 \\ \hline \end{array}$

㉖ $\begin{array}{r} 0.9 \\ \times 0.2 \\ \hline \end{array}$

㉗ $\begin{array}{r} 0.2 \\ \times 0.2 \\ \hline \end{array}$

㉘ $\begin{array}{r} 0.8 \\ \times 0.6 \\ \hline \end{array}$

㉙ $\begin{array}{r} 0.3 \\ \times 0.8 \\ \hline \end{array}$

㉚ $\begin{array}{r} 0.1 \\ \times 0.5 \\ \hline \end{array}$

16 (1보다 큰 소수)×(1보다 큰 소수)

□ 안에 알맞은 수를 써넣으세요.

❶ 15 × 37 = 555

$\frac{1}{10}$배 ↓ $\frac{1}{10}$배 ↓ ↓ $\frac{1}{100}$배

□ × □ = □

15의 $\frac{1}{10}$배는 1.5이고, 37의 $\frac{1}{10}$배는 3.7이므로
555의 $\frac{1}{100}$배는 5.55예요.

❷ 19 × 23 = 437

$\frac{1}{10}$배 ↓ $\frac{1}{10}$배 ↓ ↓ $\frac{1}{100}$배

□ × □ = □

❸ 15 × 12 = 180

$\frac{1}{10}$배 ↓ $\frac{1}{10}$배 ↓ ↓ $\frac{1}{100}$배

□ × □ = □

❹ 19 × 37 = 703

$\frac{1}{10}$배 ↓ $\frac{1}{10}$배 ↓ ↓ $\frac{1}{100}$배

□ × □ = □

❺ 18 × 14 = 252

$\frac{1}{10}$배 ↓ $\frac{1}{10}$배 ↓ ↓ $\frac{1}{100}$배

□ × □ = □

❻ 17 × 33 = 561

$\frac{1}{10}$배 ↓ $\frac{1}{10}$배 ↓ ↓ $\frac{1}{100}$배

□ × □ = □

❼ 19 × 13 = 247

$\frac{1}{10}$배 ↓ $\frac{1}{10}$배 ↓ ↓ $\frac{1}{100}$배

□ × □ = □

❽ 11 × 38 = 418

$\frac{1}{10}$배 ↓ $\frac{1}{10}$배 ↓ ↓ $\frac{1}{100}$배

□ × □ = □

❾ 12 × 28 = 336

$\frac{1}{10}$배 ↓ $\frac{1}{10}$배 ↓ ↓ $\frac{1}{100}$배

□ × □ = □

❿ 15 × 28 = 420

$\frac{1}{10}$배 ↓ $\frac{1}{10}$배 ↓ ↓ $\frac{1}{100}$배

□ × □ = □

정답 101쪽

공부한 날짜	맞힌 개수	걸린 시간
월 일	/31	분

곱셈을 하세요.

⑪ 1.4×2.3

⑫ 1.3×1.9

⑬ 1.9×3.1

⑭ 1.2×1.5

⑮ 1.6×1.3

⑯ 1.2×3.9

⑰ 1.8×2.3

⑱ 1.4×3.5

⑲ 1.7×2.4

⑳ 1.6×1.6

㉑ 1.1×3.2

㉒ 1.1×2.2

㉓ 1.7×1.5

㉔ 1.3×2.8

㉕ 1.3×1.8

㉖ 1.3×3.7

㉗ 1.2×2.3

㉘ 1.1×1.2

㉙ 1.8×3.5

㉚ 1.6×2.2

㉛ 1.2×3.6

17 (1보다 큰 소수)×(1보다 큰 소수)

B

□ 안에 알맞은 수를 써넣으세요.

❶ $1.4\times2.4=\frac{\square}{10}\times\frac{\square}{10}=\frac{\square}{100}=\square.\square\square$

1.4는 $\frac{14}{10}$, 2.4는 $\frac{24}{10}$로 바꿔서 분수의 곱셈으로 계산해요.

❷ $1.3\times3.9=\frac{\square}{10}\times\frac{\square}{10}=\frac{\square}{100}=\square.\square\square$

❸ $1.9\times1.4=\frac{\square}{10}\times\frac{\square}{10}=\frac{\square}{100}=\square.\square\square$

❹ $1.2\times3.2=\frac{\square}{10}\times\frac{\square}{10}=\frac{\square}{100}=\square.\square\square$

❺ $1.8\times3.2=\frac{\square}{10}\times\frac{\square}{10}=\frac{\square}{100}=\square.\square\square$

❻ $1.4\times1.2=\frac{\square}{10}\times\frac{\square}{10}=\frac{\square}{100}=\square.\square\square$

❼ $1.1\times1.9=\frac{\square}{10}\times\frac{\square}{10}=\frac{\square}{100}=\square.\square\square$

❽ $1.7\times2.5=\frac{\square}{10}\times\frac{\square}{10}=\frac{\square}{100}=\square.\square\square$

❾ $1.8\times1.5=\frac{\square}{10}\times\frac{\square}{10}=\frac{\square}{100}=\square.\square$

❿ $1.5\times1.7=\frac{\square}{10}\times\frac{\square}{10}=\frac{\square}{100}=\square.\square\square$

정답 102쪽

공부한 날짜	맞힌 개수	걸린 시간
월 일	/31	분

곱셈을 하세요.

⑪ 1.8×2.4

⑱ 1.2×2.2

㉕ 1.2×1.4

⑫ 1.1×3.7

⑲ 1.1×1.3

㉖ 1.6×2.4

⑬ 1.1×2.8

⑳ 1.8×2.5

㉗ 1.7×1.9

⑭ 1.4×3.4

㉑ 1.4×1.8

㉘ 1.3×2.2

⑮ 1.8×3.8

㉒ 1.6×1.4

㉙ 1.7×3.6

⑯ 1.3×1.1

㉓ 1.5×2.2

㉚ 1.6×3.2

⑰ 1.5×3.8

㉔ 1.9×2.7

㉛ 1.5×1.1

18 (1보다 큰 소수)×(1보다 큰 소수)

곱셈을 하세요.

❶ 1.4×3.8

① 1.4 × 0.8을 계산해요.
② 1.4 × 3을 계산해요.

❷ 1.2×3.7

❸ 1.9×3.9

❹ 1.5×2.4

❺ 1.7×2.6

❻ 1.4×2.2

❼ 1.2×2.4

❽ 1.8×1.3

❾ 1.5×3.6

❿ 1.1×2.6

⓫ 1.7×3.7

⓬ 1.9×2.5

⓭ 1.6×2.1

⓮ 1.3×2.7

⓯ 1.3×3.3

정답 102쪽

공부한 날짜	맞힌 개수	걸린 시간
월 일	/30	분

곱셈을 하세요.

⑯ $\begin{array}{r} 1.3 \\ \times 2.1 \\ \hline \end{array}$

㉑ $\begin{array}{r} 1.8 \\ \times 3.6 \\ \hline \end{array}$

㉖ $\begin{array}{r} 1.3 \\ \times 3.8 \\ \hline \end{array}$

⑰ $\begin{array}{r} 1.6 \\ \times 2.3 \\ \hline \end{array}$

㉒ $\begin{array}{r} 1.7 \\ \times 2.1 \\ \hline \end{array}$

㉗ $\begin{array}{r} 1.6 \\ \times 1.2 \\ \hline \end{array}$

⑱ $\begin{array}{r} 1.1 \\ \times 2.3 \\ \hline \end{array}$

㉓ $\begin{array}{r} 1.5 \\ \times 2.9 \\ \hline \end{array}$

㉘ $\begin{array}{r} 1.5 \\ \times 3.3 \\ \hline \end{array}$

⑲ $\begin{array}{r} 1.6 \\ \times 3.3 \\ \hline \end{array}$

㉔ $\begin{array}{r} 1.8 \\ \times 2.7 \\ \hline \end{array}$

㉙ $\begin{array}{r} 1.1 \\ \times 3.1 \\ \hline \end{array}$

⑳ $\begin{array}{r} 1.4 \\ \times 2.8 \\ \hline \end{array}$

㉕ $\begin{array}{r} 1.4 \\ \times 3.1 \\ \hline \end{array}$

㉚ $\begin{array}{r} 1.2 \\ \times 2.7 \\ \hline \end{array}$

19 곱의 소수점의 위치

☐ 안에 알맞은 수를 써넣으세요.

1

$2.83 \times 1 = 2.83$

$2.83 \times 10 = \square$

$2.83 \times 100 = \square$

$2.83 \times 1000 = \square$

곱하는 수가 10, 100, 1000으로 변하면 그 결과도 10배씩 변해요.

2

$2.61 \times 1 = 2.61$

$2.61 \times 10 = \square$

$2.61 \times 100 = \square$

$2.61 \times 1000 = \square$

3

$3.28 \times 1 = 3.28$

$3.28 \times 10 = \square$

$3.28 \times 100 = \square$

$3.28 \times 1000 = \square$

4

$3.17 \times 1 = 3.17$

$3.17 \times 10 = \square$

$3.17 \times 100 = \square$

$3.17 \times 1000 = \square$

5

$1.71 \times 1 = 1.71$

$1.71 \times 10 = \square$

$1.71 \times 100 = \square$

$1.71 \times 1000 = \square$

6

$1.61 \times 1 = 1.61$

$1.61 \times 10 = \square$

$1.61 \times 100 = \square$

$1.61 \times 1000 = \square$

7

$1.15 \times 1 = 1.15$

$1.15 \times 10 = \square$

$1.15 \times 100 = \square$

$1.15 \times 1000 = \square$

8

$3.95 \times 1 = 3.95$

$3.95 \times 10 = \square$

$3.95 \times 100 = \square$

$3.95 \times 1000 = \square$

정답 102쪽

공부한 날짜	맞힌 개수	걸린 시간
월 일	/16	분

□ 안에 알맞은 수를 써넣으세요.

9
$3.38 \times 1 = 3.38$
$3.38 \times 10 = \square$
$3.38 \times 100 = \square$
$3.38 \times 1000 = \square$

10
$3.73 \times 1 = 3.73$
$3.73 \times 10 = \square$
$3.73 \times 100 = \square$
$3.73 \times 1000 = \square$

11
$1.04 \times 1 = 1.04$
$1.04 \times 10 = \square$
$1.04 \times 100 = \square$
$1.04 \times 1000 = \square$

12
$2.27 \times 1 = 2.27$
$2.27 \times 10 = \square$
$2.27 \times 100 = \square$
$2.27 \times 1000 = \square$

13
$1.82 \times 1 = 1.82$
$1.82 \times 10 = \square$
$1.82 \times 100 = \square$
$1.82 \times 1000 = \square$

14
$4.05 \times 1 = 4.05$
$4.05 \times 10 = \square$
$4.05 \times 100 = \square$
$4.05 \times 1000 = \square$

15
$2.48 \times 1 = 2.48$
$2.48 \times 10 = \square$
$2.48 \times 100 = \square$
$2.48 \times 1000 = \square$

16
$2.26 \times 1 = 2.26$
$2.26 \times 10 = \square$
$2.26 \times 100 = \square$
$2.26 \times 1000 = \square$

20 곱의 소수점의 위치

☐ 안에 알맞은 수를 써넣으세요.

1
$1510 \times 1 = 1510$
$1510 \times 0.1 = \square$
$1510 \times 0.01 = \square$
$1510 \times 0.001 = \square$

곱하는 수가 0.1, 0.01, 0.001로 변하면 그 결과도 0.1배씩 변해요.

2
$3370 \times 1 = 3370$
$3370 \times 0.1 = \square$
$3370 \times 0.01 = \square$
$3370 \times 0.001 = \square$

3
$3830 \times 1 = 3830$
$3830 \times 0.1 = \square$
$3830 \times 0.01 = \square$
$3830 \times 0.001 = \square$

4
$1170 \times 1 = 1170$
$1170 \times 0.1 = \square$
$1170 \times 0.01 = \square$
$1170 \times 0.001 = \square$

5
$2840 \times 1 = 2840$
$2840 \times 0.1 = \square$
$2840 \times 0.01 = \square$
$2840 \times 0.001 = \square$

6
$2720 \times 1 = 2720$
$2720 \times 0.1 = \square$
$2720 \times 0.01 = \square$
$2720 \times 0.001 = \square$

7
$1950 \times 1 = 1950$
$1950 \times 0.1 = \square$
$1950 \times 0.01 = \square$
$1950 \times 0.001 = \square$

8
$3590 \times 1 = 3590$
$3590 \times 0.1 = \square$
$3590 \times 0.01 = \square$
$3590 \times 0.001 = \square$

정답 102쪽

공부한 날짜	맞힌 개수	걸린 시간
월 일	/16	분

□ 안에 알맞은 수를 써넣으세요.

9

$2620 \times 1 = 2620$

$2620 \times 0.1 = \square$

$2620 \times 0.01 = \square$

$2620 \times 0.001 = \square$

13

$3060 \times 1 = 3060$

$3060 \times 0.1 = \square$

$3060 \times 0.01 = \square$

$3060 \times 0.001 = \square$

10

$2490 \times 1 = 2490$

$2490 \times 0.1 = \square$

$2490 \times 0.01 = \square$

$2490 \times 0.001 = \square$

14

$1390 \times 1 = 1390$

$1390 \times 0.1 = \square$

$1390 \times 0.01 = \square$

$1390 \times 0.001 = \square$

11

$3710 \times 1 = 3710$

$3710 \times 0.1 = \square$

$3710 \times 0.01 = \square$

$3710 \times 0.001 = \square$

15

$1730 \times 1 = 1730$

$1730 \times 0.1 = \square$

$1730 \times 0.01 = \square$

$1730 \times 0.001 = \square$

12

$3150 \times 1 = 3150$

$3150 \times 0.1 = \square$

$3150 \times 0.01 = \square$

$3150 \times 0.001 = \square$

16

$2380 \times 1 = 2380$

$2380 \times 0.1 = \square$

$2380 \times 0.01 = \square$

$2380 \times 0.001 = \square$

01 평균 구하기

◆ □ 안에 알맞은 수를 써넣으세요.

1

학급(반)	(나)	(다)	(라)
학생 수(명)	44	16	24

(전체 학생 수)=□명

(학급 수)=□반

(평균 학생 수)=□÷□

=□(명)

4

학급(반)	(나)	(다)	(라)
학생 수(명)	10	34	46

(전체 학생 수)=□명

(학급 수)=□반

(평균 학생 수)=□÷□

=□(명)

2

학급(반)	(나)	(다)	(라)
학생 수(명)	30	34	17

(전체 학생 수)=□명

(학급 수)=□반

(평균 학생 수)=□÷□

=□(명)

5

학급(반)	(나)	(다)	(라)
학생 수(명)	26	41	20

(전체 학생 수)=□명

(학급 수)=□반

(평균 학생 수)=□÷□

=□(명)

3

학급(반)	(나)	(다)	(라)
학생 수(명)	11	33	37

(전체 학생 수)=□명

(학급 수)=□반

(평균 학생 수)=□÷□

=□(명)

6

학급(반)	(나)	(다)	(라)
학생 수(명)	31	48	17

(전체 학생 수)=□명

(학급 수)=□반

(평균 학생 수)=□÷□

=□(명)

정답 103쪽

공부한 날짜	맞힌 개수	걸린 시간
월 일	/16	분

주어진 표의 평균을 구하세요.

7

학급(반)	(나)	(다)	(라)
학생 수(명)	39	13	20

➡ 평균: ________ 명

8

학급(반)	(나)	(다)	(라)
학생 수(명)	22	36	14

➡ 평균: ________ 명

9

학급(반)	(나)	(다)	(라)
학생 수(명)	13	27	44

➡ 평균: ________ 명

10

학급(반)	(나)	(다)	(라)
학생 수(명)	19	20	30

➡ 평균: ________ 명

11

학급(반)	(나)	(다)	(라)
학생 수(명)	13	45	14

➡ 평균: ________ 명

12

학급(반)	(나)	(다)	(라)
학생 수(명)	14	36	43

➡ 평균: ________ 명

13

학급(반)	(나)	(다)	(라)
학생 수(명)	16	28	22

➡ 평균: ________ 명

14

학급(반)	(나)	(다)	(라)
학생 수(명)	28	42	29

➡ 평균: ________ 명

15

학급(반)	(나)	(다)	(라)
학생 수(명)	34	17	33

➡ 평균: ________ 명

16

학급(반)	(나)	(다)	(라)
학생 수(명)	53	17	26

➡ 평균: ________ 명

02 평균 구하기

◆ □ 안에 알맞은 수를 써넣으세요.

1 43 36 14

(전체 수의 합)=□

(수의 개수)=□

(수의 평균)=□÷□=□

2 11 21 37

(전체 수의 합)=□

(수의 개수)=□

(수의 평균)=□÷□=□

3 29 42 28

(전체 수의 합)=□

(수의 개수)=□

(수의 평균)=□÷□=□

4 37 33 11

(전체 수의 합)=□

(수의 개수)=□

(수의 평균)=□÷□=□

5 17 25 21

(전체 수의 합)=□

(수의 개수)=□

(수의 평균)=□÷□=□

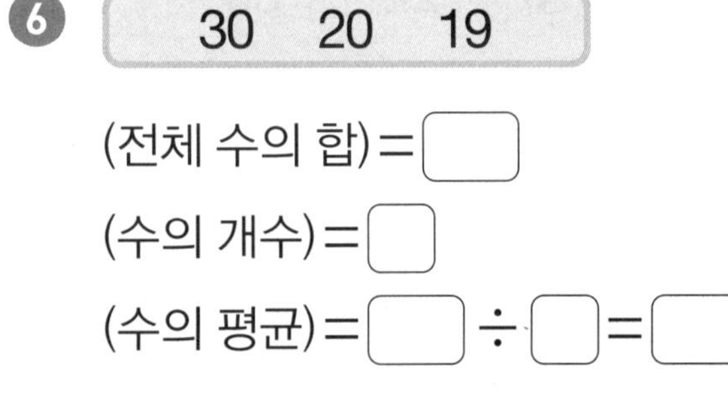

6 30 20 19

(전체 수의 합)=□

(수의 개수)=□

(수의 평균)=□÷□=□

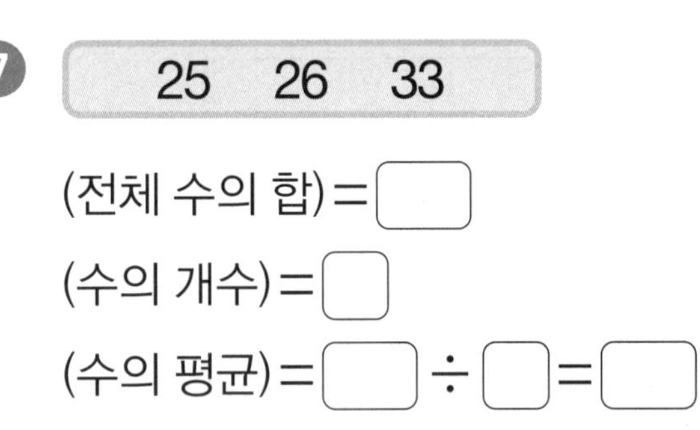

7 25 26 33

(전체 수의 합)=□

(수의 개수)=□

(수의 평균)=□÷□=□

8 24 18 24

(전체 수의 합)=□

(수의 개수)=□

(수의 평균)=□÷□=□

정답 103쪽

공부한 날짜	맞힌 개수	걸린 시간
월 일	/20	분

주어진 수의 평균을 구하세요.

9 | 20 41 26 |
➡ 평균: ______

10 | 33 17 34 |
➡ 평균: ______

11 | 20 13 39 |
➡ 평균: ______

12 | 46 34 10 |
➡ 평균: ______

13 | 14 36 22 |
➡ 평균: ______

14 | 19 29 12 |
➡ 평균: ______

15 | 24 16 44 |
➡ 평균: ______

16 | 15 31 47 |
➡ 평균: ______

17 | 38 30 28 |
➡ 평균: ______

18 | 26 15 31 |
➡ 평균: ______

19 | 21 49 23 |
➡ 평균: ______

20 | 26 17 53 |
➡ 평균: ______

참 잘했어요!

이름 ____________________

위 어린이는 쌍둥이 연산 노트 5학년 2학기 과정을

스스로 꾸준히 훌륭하게 마쳤습니다.

이에 칭찬하여 이 상장을 드립니다.

년 월 일

정답

초등 10단계

5·2 복습책

6쪽 **01 올림** A

❶ 7, 0 ❷ 2, 0 ❸ 3, 0 ❹ 5, 0 ❺ 7, 0 ❻ 2, 0 ❼ 2, 0 ❽ 2, 0 ❾ 2, 0 ❿ 8, 0 ⓫ 5, 0 ⓬ 6, 0 ⓭ 4, 0 ⓮ 2, 0 ⓯ 9, 0 ⓰ 3, 0 ⓱ 5, 0 ⓲ 9, 0

7쪽

⓳ 620 ⓴ 480 ㉑ 800 ㉒ 260 ㉓ 760 ㉔ 840 ㉕ 650 ㉖ 300 ㉗ 560 ㉘ 150 ㉙ 830 ㉚ 490 ㉛ 380 ㉜ 280 ㉝ 770 ㉞ 340 ㉟ 550 ㊱ 450 ㊲ 880 ㊳ 170 ㊴ 700

10쪽 **03 버림** A

❶ 7, 0 ❷ 1, 0 ❸ 8, 0 ❹ 1, 0 ❺ 1, 0 ❻ 9, 0 ❼ 8, 0 ❽ 9, 0 ❾ 7, 0 ❿ 6, 0 ⓫ 9, 0 ⓬ 2, 0 ⓭ 9, 0 ⓮ 5, 0 ⓯ 2, 0 ⓰ 7, 0 ⓱ 3, 0 ⓲ 1, 0

11쪽

⓳ 620 ⓴ 270 ㉑ 820 ㉒ 140 ㉓ 230 ㉔ 430 ㉕ 760 ㉖ 330 ㉗ 740 ㉘ 220 ㉙ 580 ㉚ 650 ㉛ 340 ㉜ 250 ㉝ 860 ㉞ 410 ㉟ 530 ㊱ 370 ㊲ 110 ㊳ 730 ㊴ 660

8쪽 **02 올림** B

❶ 9, 0, 0 ❷ 3, 0, 0 ❸ 2, 0, 0 ❹ 8, 0, 0 ❺ 9, 0, 0 ❻ 6, 0, 0 ❼ 7, 0, 0 ❽ 5, 0, 0 ❾ 6, 0, 0 ❿ 8, 0, 0 ⓫ 4, 0, 0 ⓬ 7, 0, 0 ⓭ 8, 0, 0 ⓮ 4, 0, 0 ⓯ 3, 0, 0 ⓰ 9, 0, 0 ⓱ 2, 0, 0 ⓲ 5, 0, 0

9쪽

⓳ 500 ⓴ 800 ㉑ 900 ㉒ 300 ㉓ 700 ㉔ 600 ㉕ 400 ㉖ 600 ㉗ 200 ㉘ 300 ㉙ 800 ㉚ 900 ㉛ 200 ㉜ 800 ㉝ 400 ㉞ 900 ㉟ 700 ㊱ 400 ㊲ 200 ㊳ 700 ㊴ 500

12쪽 **04 버림** B

❶ 6, 0, 0 ❷ 8, 0, 0 ❸ 1, 0, 0 ❹ 6, 0, 0 ❺ 7, 0, 0 ❻ 4, 0, 0 ❼ 2, 0, 0 ❽ 1, 0, 0 ❾ 3, 0, 0 ❿ 5, 0, 0 ⓫ 2, 0, 0 ⓬ 3, 0, 0 ⓭ 5, 0, 0 ⓮ 7, 0, 0 ⓯ 4, 0, 0 ⓰ 1, 0, 0 ⓱ 8, 0, 0 ⓲ 6, 0, 0

13쪽

⓳ 300 ⓴ 700 ㉑ 500 ㉒ 300 ㉓ 500 ㉔ 400 ㉕ 200 ㉖ 800 ㉗ 200 ㉘ 100 ㉙ 600 ㉚ 100 ㉛ 700 ㉜ 800 ㉝ 400 ㉞ 600 ㉟ 100 ㊱ 200 ㊲ 800 ㊳ 300 ㊴ 500

14쪽 05 반올림 Ⓐ

❶ 8, 0	❼ 5, 0	⓭ 6, 0
❷ 5, 0	❽ 4, 0	⓮ 8, 0
❸ 7, 0	❾ 8, 0	⓯ 3, 0
❹ 2, 0	❿ 3, 0	⓰ 2, 0
❺ 1, 0	⓫ 9, 0	⓱ 2, 0
❻ 1, 0	⓬ 6, 0	⓲ 3, 0

15쪽

⓳ 780	㉖ 470	㉝ 620
⓴ 560	㉗ 340	㉞ 800
㉑ 840	㉘ 290	㉟ 520
㉒ 220	㉙ 900	㊱ 110
㉓ 180	㉚ 410	㊲ 670
㉔ 620	㉛ 160	㊳ 820
㉕ 490	㉜ 590	㊴ 230

16쪽 06 반올림 Ⓑ

❶ 5, 0, 0	❽ 2, 0, 0	⓯ 9, 0, 0
❷ 6, 0, 0	❾ 2, 0, 0	⓰ 6, 0, 0
❸ 4, 0, 0	❿ 4, 0, 0	⓱ 7, 0, 0
❹ 9, 0, 0	⓫ 4, 0, 0	⓲ 2, 0, 0
❺ 8, 0, 0	⓬ 1, 0, 0	⓳ 7, 0, 0
❻ 3, 0, 0	⓭ 3, 0, 0	⓴ 4, 0, 0
❼ 6, 0, 0	⓮ 6, 0, 0	㉑ 9, 0, 0

17쪽

㉒ 800	㉙ 200	㊱ 500
㉓ 400	㉚ 800	㊲ 500
㉔ 700	㉛ 500	㊳ 900
㉕ 700	㉜ 100	㊴ 100
㉖ 800	㉝ 300	㊵ 400
㉗ 300	㉞ 600	㊶ 200
㉘ 600	㉟ 300	㊷ 400

18쪽 01 (진분수)×(자연수) A

❶ 12, 60, 30, 4, 2
❷ 15, 15, 3, 1, 1
❸ 5, 65, 13, 4, 1
❹ 10, 10, 5, 1, 2
❺ 24, 168, 21, 10, 1
❻ 25, 50, 10, 3, 1
❼ 2, 14, 7, 1, 2
❽ 12, 24, 8, 2, 2
❾ 18, 54, 27, 3, 3
❿ 8, 88, 44, 6, 2

19쪽

⑪ $13\frac{1}{3}$
⑫ 15
⑬ 10
⑭ 5
⑮ 18
⑯ 5
⑰ 3
⑱ 4
⑲ 20
⑳ $7\frac{1}{3}$
㉑ 2
㉒ $5\frac{2}{5}$
㉓ $1\frac{1}{6}$
㉔ 8
㉕ $20\frac{3}{7}$
㉖ 6
㉗ 24
㉘ 15

20쪽 02 (진분수)×(자연수) B

❶ 27, 45, 11, 1
❷ 20, 36, 7, 1
❸ 15, 9, 2, 1
❹ 22, 55, 7, 6
❺ 35, 25, 4, 1
❻ 15, 9, 4, 1
❼ 12, 15, 7, 1
❽ 16, 44, 14, 2
❾ 32, 12, 2, 2
❿ 5, 7, 2, 1

21쪽

⑪ 2
⑫ 28
⑬ $\frac{2}{3}$
⑭ $16\frac{5}{7}$
⑮ 5
⑯ 4
⑰ $9\frac{3}{7}$
⑱ $2\frac{2}{3}$
⑲ 2
⑳ 16
㉑ $8\frac{2}{5}$
㉒ $\frac{2}{3}$
㉓ 25
㉔ 8
㉕ $8\frac{2}{3}$
㉖ $9\frac{1}{3}$
㉗ 7
㉘ 12

22쪽 03 (대분수)×(자연수) A

❶ 10, 10, 20, 2, 2
❷ 20, 20, 20, 6, 2
❸ 25, 25, 25, 8, 1
❹ 13, 13, 13, 3, 1
❺ 19, 19, 57, 8, 1
❻ 17, 17, 34, 11, 1
❼ 14, 14, 56, 6, 2
❽ 21, 21, 105, 13, 1
❾ 17, 17, 51, 6, 3
❿ 11, 11, 22, 2, 4

23쪽

⑪ $17\frac{8}{9}$
⑫ $8\frac{2}{3}$
⑬ $5\frac{1}{7}$
⑭ $8\frac{5}{8}$
⑮ $6\frac{6}{7}$
⑯ $16\frac{1}{4}$
⑰ $9\frac{3}{7}$
⑱ $11\frac{1}{7}$
⑲ $6\frac{2}{3}$
⑳ $10\frac{2}{3}$
㉑ $9\frac{1}{3}$
㉒ 11
㉓ $11\frac{1}{4}$
㉔ 8
㉕ $7\frac{5}{9}$
㉖ $6\frac{6}{7}$
㉗ $7\frac{1}{3}$
㉘ $5\frac{7}{9}$

24쪽 04 (대분수)×(자연수) B

❶ 4, 4, 4, 2, 4, 2
❷ 7, 7, 14, 14, 18, 2
❸ 7, 7, 14, 7, 15, 1
❹ 8, 8, 8, 8, 10, 2
❺ 3, 3, 6, 9, 7, 4
❻ 5, 5, 10, 5, 12, 1
❼ 4, 4, 4, 10, 7, 1
❽ 2, 2, 2, 4, 2, 4
❾ 7, 7, 14, 21, 19, 1
❿ 2, 2, 2, 2, 2, 2

25쪽

⑪ $6\frac{1}{2}$
⑫ $10\frac{1}{2}$
⑬ $6\frac{3}{7}$
⑭ 14
⑮ 10
⑯ $9\frac{3}{5}$
⑰ $7\frac{1}{2}$
⑱ 20
⑲ 9
⑳ $8\frac{4}{7}$
㉑ $3\frac{3}{4}$
㉒ 11
㉓ 16
㉔ $16\frac{4}{5}$
㉕ $14\frac{7}{8}$
㉖ $14\frac{1}{6}$
㉗ $16\frac{1}{3}$
㉘ $13\frac{4}{7}$

26쪽 05 (자연수)×(진분수) A

❶ 8, 9, 5, $\frac{72}{5}$, $14\frac{2}{5}$
❷ 1, 8, 3, $\frac{8}{3}$, $2\frac{2}{3}$
❸ 4, 7, 3, $\frac{28}{3}$, $9\frac{1}{3}$
❹ 9, 8, 5, $\frac{72}{5}$, $14\frac{2}{5}$
❺ 7, 1, 3, $\frac{7}{3}$, $2\frac{1}{3}$
❻ 4, 7, 5, $\frac{28}{5}$, $5\frac{3}{5}$
❼ 5, 5, 3, $\frac{25}{3}$, $8\frac{1}{3}$
❽ 3, 5, 2, $\frac{15}{2}$, $7\frac{1}{2}$

27쪽

❾ $1\frac{1}{3}$
❿ $5\frac{1}{4}$
⓫ 12
⓬ $20\frac{3}{7}$
⓭ $10\frac{1}{2}$
⓮ $4\frac{1}{5}$
⓯ $6\frac{2}{3}$
⓰ $4\frac{1}{5}$
⓱ $5\frac{2}{5}$
⓲ 30
⓳ $2\frac{1}{7}$
⓴ $\frac{1}{7}$
㉑ $4\frac{1}{6}$
㉒ $1\frac{3}{5}$
㉓ $\frac{2}{5}$
㉔ 12
㉕ 20
㉖ $7\frac{1}{5}$

28쪽 06 (자연수)×(진분수) B

❶ 11, 7, $\frac{55}{7}$, $7\frac{6}{7}$
❷ 9, 10, $\frac{63}{10}$, $6\frac{3}{10}$
❸ 2, 3, $\frac{14}{3}$, $4\frac{2}{3}$
❹ 2, 3, $\frac{8}{3}$, $2\frac{2}{3}$
❺ 2, 3, $\frac{14}{3}$, $4\frac{2}{3}$
❻ 4, 5, $\frac{8}{5}$, $1\frac{3}{5}$
❼ 2, 3, $\frac{4}{3}$, $1\frac{1}{3}$
❽ 4, 5, $\frac{12}{5}$, $2\frac{2}{5}$
❾ 1, 2, $\frac{7}{2}$, $3\frac{1}{2}$
❿ 9, 10, $\frac{27}{10}$, $2\frac{7}{10}$
⓫ 7, 6, $\frac{35}{6}$, $5\frac{5}{6}$
⓬ 1, 3, $\frac{7}{3}$, $2\frac{1}{3}$

29쪽

⓭ $4\frac{2}{3}$
⓮ $4\frac{3}{8}$
⓯ $1\frac{1}{2}$
⓰ $2\frac{6}{7}$
⓱ $2\frac{3}{5}$
⓲ $16\frac{2}{3}$
⓳ $4\frac{2}{3}$
⓴ $\frac{1}{3}$
㉑ $2\frac{2}{5}$
㉒ $12\frac{4}{7}$
㉓ $6\frac{1}{4}$
㉔ $5\frac{2}{5}$
㉕ $4\frac{1}{6}$
㉖ $1\frac{1}{2}$
㉗ $1\frac{2}{7}$
㉘ $16\frac{1}{3}$
㉙ $1\frac{1}{5}$
㉚ $2\frac{5}{8}$

30쪽 07 (자연수)×(대분수) A

❶ 10, 10, 20, 2, 6
❷ 21, 21, 105, 13, 1
❸ 8, 8, 16, 3, 1
❹ 26, 26, 26, 8, 2
❺ 11, 11, 55, 13, 3
❻ 23, 23, 115, 12, 7
❼ 3, 3, 21, 10, 1
❽ 14, 14, 42, 8, 2
❾ 9, 9, 27, 6, 3
❿ 7, 7, 35, 11, 2

31쪽

⓫ 19
⓬ $6\frac{2}{3}$
⓭ $12\frac{2}{9}$
⓮ $14\frac{2}{7}$
⓯ $6\frac{6}{7}$
⓰ $4\frac{4}{7}$
⓱ $7\frac{1}{2}$
⓲ $3\frac{3}{4}$
⓳ $8\frac{1}{4}$
⓴ $15\frac{1}{6}$
㉑ $13\frac{1}{3}$
㉒ $6\frac{3}{5}$
㉓ $14\frac{7}{9}$
㉔ $8\frac{1}{7}$
㉕ $14\frac{3}{8}$
㉖ $16\frac{4}{5}$
㉗ $2\frac{2}{3}$
㉘ $16\frac{5}{8}$

32쪽 08 (자연수)×(대분수) B

❶ 6, 6, 6, 3, 7, 1
❷ 7, 7, 14, 35, 18, 3
❸ 6, 6, 6, 2, 6, 2
❹ 2, 2, 2, 8, 3, 1
❺ 2, 2, 2, 2, 2, 2
❻ 6, 6, 6, 36, 11, 1
❼ 6, 6, 6, 12, 7, 5
❽ 6, 6, 6, 21, 11, 1
❾ 3, 3, 3, 3, 4, 1
❿ 2, 2, 2, 4, 2, 4

33쪽

⓫ $16\frac{1}{3}$
⓬ 8
⓭ $9\frac{3}{5}$
⓮ $5\frac{1}{3}$
⓯ $3\frac{5}{7}$
⓰ $2\frac{4}{9}$
⓱ $6\frac{3}{7}$
⓲ $7\frac{2}{7}$
⓳ $6\frac{1}{3}$
⓴ $11\frac{2}{3}$
㉑ $6\frac{1}{2}$
㉒ $10\frac{4}{5}$
㉓ $19\frac{5}{6}$
㉔ $19\frac{4}{9}$
㉕ $8\frac{1}{3}$
㉖ $3\frac{2}{3}$
㉗ $2\frac{6}{7}$
㉘ $6\frac{2}{3}$
㉙ $2\frac{1}{4}$
㉚ 16
㉛ $4\frac{8}{9}$

34쪽 09 (진분수)×(진분수) A

❶ 4, 5, 20
❷ 2, 4, 8
❸ 9, 10, 90
❹ 3, 5, 15
❺ 5, 6, 30
❻ 5, 11, 55
❼ 3, 10, 30
❽ 2, 12, 24
❾ 3, 3, 9
❿ 9, 11, 99
⓫ 2, 6, 12
⓬ 7, 11, 77

35쪽

⓭ $\frac{1}{21}$
⓮ $\frac{1}{24}$
⓯ $\frac{1}{36}$
⓰ $\frac{1}{88}$
⓱ $\frac{1}{16}$
⓲ $\frac{1}{25}$
⓳ $\frac{1}{120}$
⓴ $\frac{1}{35}$
㉑ $\frac{1}{80}$
㉒ $\frac{1}{20}$
㉓ $\frac{1}{48}$
㉔ $\frac{1}{50}$
㉕ $\frac{1}{44}$
㉖ $\frac{1}{18}$
㉗ $\frac{1}{60}$
㉘ $\frac{1}{110}$
㉙ $\frac{1}{28}$
㉚ $\frac{1}{18}$

36쪽 10 (진분수)×(진분수) B

❶ 5, 3, 9, 14, 15, 5
❷ 3, 4, 5, 15, 12, 4
❸ 2, 1, 3, 8, 2, 1
❹ 4, 9, 7, 14, 36, 18
❺ 2, 7, 5, 10, 14, 7
❻ 3, 1, 5, 15, 3, 1
❼ 3, 2, 4, 9, 6, 1
❽ 9, 5, 10, 18, 45, 1
❾ 4, 7, 5, 20, 28, 7
❿ 3, 8, 5, 15, 24, 8

37쪽

⓫ 1, 4, $\frac{7}{12}$
⓬ 1, 4, $\frac{5}{32}$
⓭ 1, 5, $\frac{7}{25}$
⓮ 4, 5, $\frac{28}{45}$
⓯ 2, 5, $\frac{2}{45}$
⓰ 1, 1, 1, 5, $\frac{1}{5}$
⓱ 1, 8, $\frac{11}{40}$
⓲ 1, 5, $\frac{11}{20}$
⓳ 1, 2, $\frac{5}{16}$
⓴ 3, 2, $\frac{15}{48}$
㉑ 1, 5, $\frac{1}{15}$
㉒ 3, 7, $\frac{15}{49}$

38쪽 11 (대분수)×(대분수) A

❶ 9, 7, 9, 7, 9, 2, 1
❷ 12, 5, 12, 5, 30, 4, 2
❸ 12, 22, 12, 22, 132, 5, 7
❹ 20, 23, 20, 23, 46, 5, 1
❺ 9, 21, 9, 21, 3, 1, 1
❻ 5, 17, 5, 17, 17, 5, 2
❼ 11, 8, 11, 8, 22, 7, 1
❽ 17, 38, 17, 38, 19, 6, 1
❾ 9, 17, 9, 17, 51, 2, 11
❿ 7, 9, 7, 9, 21, 5, 1

39쪽

⓫ $1\frac{5}{6}$
⓬ $2\frac{2}{9}$
⓭ $7\frac{7}{12}$
⓮ $2\frac{1}{28}$
⓯ $2\frac{3}{5}$
⓰ $9\frac{1}{2}$
⓱ $4\frac{1}{3}$
⓲ $6\frac{3}{10}$
⓳ $2\frac{6}{7}$
⓴ $2\frac{3}{4}$
㉑ $4\frac{7}{8}$
㉒ $6\frac{1}{5}$
㉓ $4\frac{23}{25}$
㉔ $5\frac{3}{5}$
㉕ $7\frac{1}{5}$
㉖ $2\frac{1}{7}$
㉗ $7\frac{7}{9}$
㉘ $3\frac{3}{5}$

40쪽 12 (대분수)×(대분수) B

❶ 10, 11, 55, 2, 13
❷ 8, 5, 20, 6, 2
❸ 14, 8, 16, 1, 7
❹ 9, 25, 45, 3, 3
❺ 25, 36, 20, 6, 2
❻ 13, 16, 16, 3, 1
❼ 22, 27, 33, 6, 3
❽ 9, 26, 13, 6, 1
❾ 16, 9, 18, 2, 4
❿ 8, 21, 21, 2, 1

41쪽

⓫ $3\frac{1}{3}$
⓬ $7\frac{2}{9}$
⓭ $6\frac{2}{5}$
⓮ $1\frac{7}{15}$
⓯ $1\frac{8}{9}$
⓰ 3
⓱ $3\frac{2}{5}$
⓲ $4\frac{7}{10}$
⓳ $2\frac{3}{5}$
⓴ $3\frac{1}{8}$
㉑ $3\frac{4}{5}$
㉒ $3\frac{1}{7}$
㉓ $8\frac{10}{11}$
㉔ $7\frac{4}{5}$
㉕ $7\frac{1}{4}$
㉖ $2\frac{16}{25}$
㉗ $3\frac{1}{18}$
㉘ $6\frac{4}{5}$

42쪽 13 세 분수의 곱셈 A

❶ 2, 1, 1, 3, 3, 1, $\frac{2}{9}$
❷ 1, 1, 1, 3, 7, 2, $\frac{1}{42}$
❸ 1, 1, 3, 4, 2, 2, $\frac{3}{16}$
❹ 1, 1, 1, 1, 4, 3, $\frac{1}{12}$
❺ 1, 1, 1, 3, 4, 5, $\frac{1}{60}$
❻ 2, 2, 1, 7, 1, 3, $\frac{4}{21}$
❼ 3, 1, 1, 8, 2, 2, $\frac{3}{32}$
❽ 1, 7, 1, 3, 1, 8, $\frac{7}{24}$

43쪽

❾ $\frac{5}{54}$
❿ $\frac{1}{12}$
⓫ $\frac{6}{49}$
⓬ $\frac{1}{36}$
⓭ $\frac{2}{9}$
⓮ $\frac{1}{6}$
⓯ $\frac{1}{12}$
⓰ $\frac{2}{105}$
⓱ $\frac{2}{27}$
⓲ $\frac{1}{24}$
⓳ $\frac{1}{45}$
⓴ $\frac{1}{35}$
㉑ $\frac{5}{21}$
㉒ $\frac{2}{147}$
㉓ $\frac{16}{45}$
㉔ $\frac{1}{24}$
㉕ $\frac{1}{28}$
㉖ $\frac{3}{40}$

44쪽 14 세 분수의 곱셈 B

❶ 1, 1, 3, 4, $\frac{5}{84}$
❷ 1, 1, 3, 1, $\frac{1}{24}$
❸ 1, 1, 2, 3, $\frac{1}{24}$
❹ 1, 1, $\frac{1}{45}$
❺ 2, 1, 1, 1, $\frac{2}{9}$
❻ 1, 1, $\frac{4}{27}$
❼ 1, 1, 1, 1, 4, 3, $\frac{1}{12}$
❽ 1, 3, $\frac{2}{105}$
❾ 1, 1, $\frac{4}{63}$
❿ 1, 2, $\frac{5}{36}$

45쪽

⓫ $\frac{1}{28}$
⓬ $\frac{5}{21}$
⓭ $\frac{5}{56}$
⓮ $\frac{1}{20}$
⓯ $\frac{2}{9}$
⓰ $\frac{16}{25}$
⓱ $\frac{2}{27}$
⓲ $\frac{9}{32}$
⓳ $\frac{8}{63}$
⓴ $\frac{1}{6}$
㉑ $\frac{15}{56}$
㉒ $\frac{14}{27}$
㉓ $\frac{2}{35}$
㉔ $\frac{1}{24}$
㉕ $\frac{6}{49}$
㉖ $\frac{1}{21}$
㉗ $\frac{1}{10}$
㉘ $\frac{1}{20}$

46쪽 01 (1보다 작은 소수)×(자연수) A

❶ 0.3, 2.4
❷ 0.9, 7.2
❸ 0.5, 4.5
❹ 0.7, 2.1
❺ 0.5, 3.5
❻ 0.4, 3.2
❼ 0.2, 1
❽ 0.3, 2.7
❾ 0.2, 1.4
❿ 0.5, 2
⓫ 0.2, 0.4
⓬ 0.6, 1.8
⓭ 0.8, 4.8
⓮ 0.3, 0.6
⓯ 0.9, 5.4

47쪽

⑯ 1.6
⑰ 0.8
⑱ 3
⑲ 3.2
⑳ 1.2
㉑ 5.6
㉒ 6.4
㉓ 5.6
㉔ 1.8
㉕ 1.5
㉖ 7.2
㉗ 1.2
㉘ 0.8
㉙ 3.5
㉚ 4.2
㉛ 0.6
㉜ 4.5
㉝ 4.2
㉞ 1.2
㉟ 8.1
㊱ 3.6

48쪽 02 (1보다 작은 소수)×(자연수) B

❶ 7, 7, 21, 2, 1
❷ 8, 8, 40, 4
❸ 4, 4, 16, 1, 6
❹ 3, 3, 15, 1, 5
❺ 9, 9, 63, 6, 3
❻ 2, 2, 6, 0, 6
❼ 6, 6, 42, 4, 2
❽ 5, 5, 35, 3, 5
❾ 2, 2, 16, 1, 6
❿ 5, 5, 30, 3

49쪽

⓫ 1.5
⓬ 5.6
⓭ 2.1
⓮ 5.4
⓯ 2.4
⑯ 2.4
⑰ 0.4
⑱ 3.2
⑲ 2
⑳ 1.8
㉑ 1.2
㉒ 4.5
㉓ 4.2
㉔ 0.6
㉕ 5.6
㉖ 3.5
㉗ 1.2
㉘ 1.6
㉙ 3.6
㉚ 8.1
㉛ 2.7

50쪽 03 (1보다 작은 소수)×(자연수) C

❶ 1.6
❷ 1.2
❸ 5.6
❹ 4
❺ 2.4
❻ 1
❼ 3.6
❽ 2.4
❾ 4.2
❿ 1.8
⓫ 1.2
⓬ 2.4
⓭ 1.8
⓮ 2.8
⓯ 5.6

51쪽

⑯ 4.5
⑰ 2
⑱ 5.4
⑲ 1.4
⑳ 1.8
㉑ 0.4
㉒ 4
㉓ 3
㉔ 6.4
㉕ 1.2
㉖ 6.3
㉗ 2.5
㉘ 0.6
㉙ 3.2
㉚ 0.8

52쪽 04 (1보다 큰 소수)×(자연수) A

❶ 2.5, 12.5
❷ 1.9, 15.2
❸ 2.9, 17.4
❹ 1.6, 4.8
❺ 1.7, 6.8
❻ 1.5, 3
❼ 2.7, 13.5
❽ 1.5, 6
❾ 1.9, 3.8
❿ 1.7, 13.6

53쪽

⓫ 2.4
⓬ 6.9
⓭ 15.3
⓮ 11.6
⓯ 5.6
⑯ 8
⑰ 4.4
⑱ 19.2
⑲ 10.4
⑳ 20.8
㉑ 5.4
㉒ 11.2
㉓ 4.8
㉔ 10.5
㉕ 3.2
㉖ 8.4
㉗ 13.2
㉘ 22.4
㉙ 3.6
㉚ 2.6
㉛ 16.1

54쪽 05 (1보다 큰 소수)×(자연수) B

❶ 13, 13, 52, 5, 2
❷ 15, 15, 135, 1, 3, 5
❸ 19, 19, 114, 1, 1, 4
❹ 16, 16, 96, 9, 6
❺ 27, 27, 54, 5, 4
❻ 35, 35, 175, 1, 7, 5
❼ 29, 29, 203, 2, 0, 3
❽ 36, 36, 108, 1, 0, 8
❾ 28, 28, 84, 8, 4
❿ 18, 18, 90, 9

55쪽

⑪ 24.3
⑫ 12.6
⑬ 15.6
⑭ 20
⑮ 11
⑯ 7.8
⑰ 19.6
⑱ 4.6
⑲ 25.2
⑳ 16.8
㉑ 10.8
㉒ 11.7
㉓ 5
㉔ 15.4
㉕ 16
㉖ 7.8
㉗ 26.1
㉘ 9.6
㉙ 13.8
㉚ 14.5
㉛ 11.9

56쪽 06 (1보다 큰 소수)×(자연수) C

❶ 9.1
❷ 5.2
❸ 20.8
❹ 19.6
❺ 15.2
❻ 4.5
❼ 11.6
❽ 4.8
❾ 10.8
❿ 21.6
⑪ 12.5
⑫ 5.4
⑬ 10.8
⑭ 8.4
⑮ 15.3

57쪽

⑯ 14.4
⑰ 10.5
⑱ 8.4
⑲ 10.8
⑳ 3.6
㉑ 14.5
㉒ 14
㉓ 3.4
㉔ 13
㉕ 11.7
㉖ 2.8
㉗ 7.6
㉘ 18.9
㉙ 9.6
㉚ 5

58쪽 07 (자연수)×(1보다 작은 소수) A

❶ 0.7, 4.2
❷ 0.3, 1.2
❸ 0.2, 1
❹ 0.6, 1.2
❺ 0.4, 3.2
❻ 0.2, 1.6
❼ 0.4, 1.2
❽ 0.9, 5.4
❾ 0.3, 2.1
❿ 0.8, 4.8

59쪽

⑪ 2.4
⑫ 1
⑬ 8.1
⑭ 3
⑮ 4.9
⑯ 1.2
⑰ 2.1
⑱ 2
⑲ 2.4
⑳ 0.6
㉑ 1.5
㉒ 2.4
㉓ 2.7
㉔ 4.5
㉕ 7.2
㉖ 1.6
㉗ 1.8
㉘ 1.8
㉙ 2.8
㉚ 0.6
㉛ 5.4

60쪽 08 (자연수)×(1보다 작은 소수) B

❶ 3, 3, 15, 1, 5
❷ 7, 7, 28, 2, 8
❸ 6, 6, 12, 1, 2
❹ 3, 3, 21, 2, 1
❺ 8, 8, 16, 1, 6
❻ 8, 8, 24, 2, 4
❼ 4, 4, 36, 3, 6
❽ 7, 7, 63, 6, 3
❾ 9, 9, 36, 3, 6
❿ 2, 2, 14, 1, 4

61쪽

⑪ 0.6
⑫ 2.1
⑬ 3
⑭ 2
⑮ 7.2
⑯ 1
⑰ 4.5
⑱ 5.4
⑲ 3.2
⑳ 1.6
㉑ 4.2
㉒ 2.4
㉓ 7.2
㉔ 1.6
㉕ 1.8
㉖ 4
㉗ 5.6
㉘ 0.9
㉙ 0.8
㉚ 2.7
㉛ 1.8

62쪽 09 (자연수)×(1보다 작은 소수) C

❶ 2.4	❻ 1.2	⓫ 4.2
❷ 1.5	❼ 0.8	⓬ 2.4
❸ 6.3	❽ 2.1	⓭ 3.6
❹ 3.5	❾ 1.6	⓮ 2.7
❺ 3.6	❿ 2.5	⓯ 1.6

63쪽

⓰ 4.5	㉑ 0.6	㉖ 5.4
⓱ 4.5	㉒ 6.3	㉗ 4.8
⓲ 0.4	㉓ 0.8	㉘ 8.1
⓳ 2.7	㉔ 2.1	㉙ 1.4
⓴ 3.2	㉕ 6.4	㉚ 1.2

64쪽 10 (자연수)×(1보다 큰 소수) A

❶ 2.9, 20.3	❻ 1.3, 9.1
❷ 1.6, 4.8	❼ 3.6, 18
❸ 1.6, 8	❽ 3.2, 28.8
❹ 2.8, 11.2	❾ 1.5, 12
❺ 3.3, 6.6	❿ 1.4, 5.6

65쪽

⓫ 23.1	⓲ 8.4	㉕ 18.9
⓬ 19.2	⓳ 3	㉖ 31.2
⓭ 10.8	⓴ 17.6	㉗ 11.7
⓮ 17.5	㉑ 14.4	㉘ 14.8
⓯ 5.4	㉒ 10.2	㉙ 26.6
⓰ 17.5	㉓ 10.8	㉚ 20.8
⓱ 11.4	㉔ 30.6	㉛ 5.2

66쪽 11 (자연수)×(1보다 큰 소수) B

❶ 22, 22, 88, 8, 8	❻ 35, 35, 70, 7
❷ 37, 37, 185, 1, 8, 5	❼ 12, 12, 60, 6
❸ 32, 32, 192, 1, 9, 2	❽ 26, 26, 78, 7, 8
❹ 13, 13, 104, 1, 0, 4	❾ 34, 34, 68, 6, 8
❺ 28, 28, 224, 2, 2, 4	❿ 15, 15, 135, 1, 3, 5

67쪽

⓫ 21.6	⓲ 35.1	㉕ 5.4
⓬ 7.8	⓳ 15.4	㉖ 7.4
⓭ 19.8	⓴ 3.2	㉗ 14.4
⓮ 14.4	㉑ 22.8	㉘ 14
⓯ 7.6	㉒ 14.4	㉙ 13.6
⓰ 5	㉓ 9	㉚ 21
⓱ 32.4	㉔ 7.2	㉛ 9.8

68쪽 12 (자연수)×(1보다 큰 소수) C

❶ 11.5	❻ 9.5	⓫ 14.4
❷ 19.5	❼ 10.5	⓬ 7.5
❸ 8.7	❽ 11.1	⓭ 23.4
❹ 13.6	❾ 17	⓮ 10.4
❺ 18.9	❿ 10.2	⓯ 13.2

69쪽

⓰ 10.8	㉑ 27.2	㉖ 10.8
⓱ 26.6	㉒ 8.4	㉗ 10.8
⓲ 8.4	㉓ 9.6	㉘ 17.6
⓳ 16.8	㉔ 13	㉙ 15.2
⓴ 24.5	㉕ 13.5	㉚ 6.4

70쪽 13 (1보다 작은 소수)×(1보다 작은 소수) A

❶ 0.1, 0.7, 0.07
❷ 0.4, 0.5, 0.2
❸ 0.8, 0.7, 0.56
❹ 0.2, 0.2, 0.04
❺ 0.9, 0.5, 0.45
❻ 0.6, 0.5, 0.3
❼ 0.7, 0.3, 0.21
❽ 0.3, 0.3, 0.09
❾ 0.9, 0.8, 0.72
❿ 0.5, 0.7, 0.35

71쪽

⑪ 0.63
⑫ 0.18
⑬ 0.06
⑭ 0.16
⑮ 0.42
⑯ 0.18
⑰ 0.2
⑱ 0.12
⑲ 0.4
⑳ 0.32
㉑ 0.01
㉒ 0.24
㉓ 0.04
㉔ 0.36
㉕ 0.14
㉖ 0.54
㉗ 0.08
㉘ 0.25
㉙ 0.21
㉚ 0.35
㉛ 0.24

72쪽 14 (1보다 작은 소수)×(1보다 작은 소수) B

❶ 6, 3, 18, 0, 1, 8
❷ 9, 4, 36, 0, 3, 6
❸ 5, 6, 30, 0, 3
❹ 3, 5, 15, 0, 1, 5
❺ 2, 2, 4, 0, 0, 4
❻ 8, 6, 48, 0, 4, 8
❼ 4, 2, 8, 0, 0, 8
❽ 7, 6, 42, 0, 4, 2
❾ 8, 7, 56, 0, 5, 6
❿ 1, 8, 8, 0, 0, 8

73쪽

⑪ 0.18
⑫ 0.16
⑬ 0.2
⑭ 0.05
⑮ 0.63
⑯ 0.06
⑰ 0.45
⑱ 0.36
⑲ 0.21
⑳ 0.27
㉑ 0.08
㉒ 0.27
㉓ 0.4
㉔ 0.28
㉕ 0.24
㉖ 0.35
㉗ 0.21
㉘ 0.28
㉙ 0.16
㉚ 0.36
㉛ 0.42

74쪽 15 (1보다 작은 소수)×(1보다 작은 소수) C

❶ 0.35
❷ 0.63
❸ 0.21
❹ 0.12
❺ 0.18
❻ 0.21
❼ 0.36
❽ 0.14
❾ 0.03
❿ 0.63
⑪ 0.4
⑫ 0.07
⑬ 0.2
⑭ 0.54
⑮ 0.06

75쪽

⑯ 0.18
⑰ 0.32
⑱ 0.12
⑲ 0.28
⑳ 0.18
㉑ 0.08
㉒ 0.15
㉓ 0.32
㉔ 0.35
㉕ 0.42
㉖ 0.18
㉗ 0.04
㉘ 0.48
㉙ 0.24
㉚ 0.05

76쪽 16 (1보다 큰 소수)×(1보다 큰 소수) A

❶ 1.5, 3.7, 5.55
❷ 1.9, 2.3, 4.37
❸ 1.5, 1.2, 1.8
❹ 1.9, 3.7, 7.03
❺ 1.8, 1.4, 2.52
❻ 1.7, 3.3, 5.61
❼ 1.9, 1.3, 2.47
❽ 1.1, 3.8, 4.18
❾ 1.2, 2.8, 3.36
❿ 1.5, 2.8, 4.2

77쪽

⑪ 3.22
⑫ 2.47
⑬ 5.89
⑭ 1.8
⑮ 2.08
⑯ 4.68
⑰ 4.14
⑱ 4.9
⑲ 4.08
⑳ 2.56
㉑ 3.52
㉒ 2.42
㉓ 2.55
㉔ 3.64
㉕ 2.34
㉖ 4.81
㉗ 2.76
㉘ 1.32
㉙ 6.3
㉚ 3.52
㉛ 4.32

78쪽 17 (1보다 큰 소수)×(1보다 큰 소수) B

❶ 14, 24, 336, 3, 3, 6
❷ 13, 39, 507, 5, 0, 7
❸ 19, 14, 266, 2, 6, 6
❹ 12, 32, 384, 3, 8, 4
❺ 18, 32, 576, 5, 7, 6
❻ 14, 12, 168, 1, 6, 8
❼ 11, 19, 209, 2, 0, 9
❽ 17, 25, 425, 4, 2, 5
❾ 18, 15, 270, 2, 7
❿ 15, 17, 255, 2, 5, 5

79쪽

⓫ 4.32
⓬ 4.07
⓭ 3.08
⓮ 4.76
⓯ 6.84
⓰ 1.43
⓱ 5.7
⓲ 2.64
⓳ 1.43
⓴ 4.5
㉑ 2.52
㉒ 2.24
㉓ 3.3
㉔ 5.13
㉕ 1.68
㉖ 3.84
㉗ 3.23
㉘ 2.86
㉙ 6.12
㉚ 5.12
㉛ 1.65

80쪽 18 (1보다 큰 소수)×(1보다 큰 소수) C

❶ 5.32
❷ 4.44
❸ 7.41
❹ 3.6
❺ 4.42
❻ 3.08
❼ 2.88
❽ 2.34
❾ 5.4
❿ 2.86
⓫ 6.29
⓬ 4.75
⓭ 3.36
⓮ 3.51
⓯ 4.29

81쪽

⓰ 2.73
⓱ 3.68
⓲ 2.53
⓳ 5.28
⓴ 3.92
㉑ 6.48
㉒ 3.57
㉓ 4.35
㉔ 4.86
㉕ 4.34
㉖ 4.94
㉗ 1.92
㉘ 4.95
㉙ 3.41
㉚ 3.24

82쪽 19 곱의 소수점의 위치 A

❶ 28.3, 283, 2830
❷ 26.1, 261, 2610
❸ 32.8, 328, 3280
❹ 31.7, 317, 3170
❺ 17.1, 171, 1710
❻ 16.1, 161, 1610
❼ 11.5, 115, 1150
❽ 39.5, 395, 3950

83쪽

❾ 33.8, 338, 3380
❿ 37.3, 373, 3730
⓫ 10.4, 104, 1040
⓬ 22.7, 227, 2270
⓭ 18.2, 182, 1820
⓮ 40.5, 405, 4050
⓯ 24.8, 248, 2480
⓰ 22.6, 226, 2260

84쪽 20 곱의 소수점의 위치 B

❶ 151, 15.1, 1.51
❷ 337, 33.7, 3.37
❸ 383, 38.3, 3.83
❹ 117, 11.7, 1.17
❺ 284, 28.4, 2.84
❻ 272, 27.2, 2.72
❼ 195, 19.5, 1.95
❽ 359, 35.9, 3.59

85쪽

❾ 262, 26.2, 2.62
❿ 249, 24.9, 2.49
⓫ 371, 37.1, 3.71
⓬ 315, 31.5, 3.15
⓭ 306, 30.6, 3.06
⓮ 139, 13.9, 1.39
⓯ 173, 17.3, 1.73
⓰ 238, 23.8, 2.38

86쪽 01 평균 구하기 A

❶ 84, 3, 84, 3, 28
❷ 81, 3, 81, 3, 27
❸ 81, 3, 81, 3, 27
❹ 90, 3, 90, 3, 30
❺ 87, 3, 87, 3, 29
❻ 96, 3, 96, 3, 32

87쪽

❼ 24
❽ 24
❾ 28
❿ 23
⓫ 24
⓬ 31
⓭ 22
⓮ 33
⓯ 28
⓰ 32

88쪽 02 평균 구하기 B

❶ 93, 3, 93, 3, 31
❷ 69, 3, 69, 3, 23
❸ 99, 3, 99, 3, 33
❹ 81, 3, 81, 3, 27
❺ 63, 3, 63, 3, 21
❻ 69, 3, 69, 3, 23
❼ 84, 3, 84, 3, 28
❽ 66, 3, 66, 3, 22

89쪽

❾ 29
❿ 28
⓫ 24
⓬ 30
⓭ 24
⓮ 20
⓯ 28
⓰ 31
⓱ 32
⓲ 24
⓳ 31
⓴ 32

MEMO